Canon

CANON DANFANJI SHIYONGCAOZUO 200WEN

单反机使用操作200问

数码摄影Follow Me

李继强/主编

美 黑龙江美术出版社

图书在版编目（CIP）数据

数码摄影follow me：Canon单反机使用操作200问/ 李继强主编

哈尔滨：黑龙江美术出版社, 2011.4

ISBN 978-7-5318-2873-0

Ⅰ.①数… Ⅱ.①李… Ⅲ.①数字照相机：单镜头反

光照相机－摄影技术－问题解答 Ⅳ.①TB86-44②J41-44

中国版本图书馆CIP数据核字(2011)第039459号

《数码摄影Follow Me》丛书编委会

主　编 李继强

副主编 曲晨阳 孙志江

编　委 臧崴臣 张东海 周　旭 何晓彦 吕善庆

　　　　唐儒郁 李　冲

责任编辑 曲家东

封面设计 杨继滨

版式设计 杨东波

Canon
数码摄影Follow Me

单反机使用操作200问
CANON DANFANJI SHIYONGCAOZUO 200WEN 李继强/主编

出版 黑龙江美术出版社

印刷 辽宁美术印刷厂

发行 全国新华书店

开本 889×1194 1/24

印张 9

版次 2012年8月第1版·2012年8月第1次印刷

书号 ISBN 978-7-5318-2873-0

定价 50.00元

Preface 序

　　我认识作者很多年了。他是摄影教师，听他的课，深入浅出，幽默睿智，那是享受；他是摄影家，看他的作品，门类宽泛，后期精湛，那是智慧；他还是个高产的摄影作家，我的书架上就有他写的二十几册摄影书，字里行间，都是对摄影的宏观把握。拍摄过程中的点点滴滴听他娓娓道来，新颖的观念，干练的文笔，以及对摄影独到认识，看后那都是启发。

　　这次邀我为他的这套丛书写序。一问，明白了他的意思，是从操作的角度给初学者写的入门书，专家写入门书，好啊，现在正好需要这样的专家！

　　"数码相机就是小型计算机"，"操作的精髓是控制"，"学摄影要过三关，工具关、方法关、表现关"，我同意作者这些观点。随着生活水平的提高，科技的发展，数字技术的突飞猛进，摄影的门槛降低了，拥有一架数码单反相机是个很容易的事，但是，拿到它之后怎样使用却让人们不得其门而入，摆在初学者面前的，就是如何尽快熟悉掌握它，《C派摄影操作密码》、《N派摄影操作密码》、《后期处理操作密码》……都是作者为初学者精心打造的。作者站在专家的高度，鸟瞰整个数码单反家族，从宏观切入，做微观具体分析，在讲解是什么的基础上，解释为什么操作，提供方法解决拍摄中的问题，引导新手快速入门。

　　把概念打开，术语通俗，原理解密，图文并茂，结合实战是这套丛书的特点之一。

　　风光、花卉、冰雪、纪念照，把摄影各个门类分册来写，不是什么新鲜事，新鲜的是—作者站的高度，就像站在一个摄影大沙盘前，用精炼的语言勾画一些简明的进攻线路。里面有拍摄的经过，构思的想法，操作的步骤，实战的体会。

　　本丛书帮助初学者理清了学习数码单反相机的脉络，作为一个摄影前辈，指导晚辈们少走很多弯路。作者从摄影的操作技术出发，图文并茂的给予读者以最直观的学习方法，教会大家如何操作数码单反，如何培养自己的审美，如何让作品更加具有艺术气息。"从大处着眼，从小处入手"，切切实实能让初学者拍出好照片。

　　不止是摄影，待人接物更是如此，作者是这么说的，也是这么做的，更是这样要求学生的。初学者要明确自己的拍摄目的，找准道路，用对方法，并为之不懈努力，发挥想象力不断去创新，才能收获成功！

　　几千万摄影人在摄影的山海间登攀遨游，需要有人来铺设一些缆索和浮标。

　　一个年近六旬的老者，白天站在三尺讲桌前，为摄影慷慨激昂，晚间用粗大的手指在键盘上敲击，"想为摄影再做点什么"，是作者的愿望。摄影需要这样的奉献者，中国的数码摄影事业需要这样的专家学者。

中国数码摄影家协会主席　李济山

前言

　　3年前，出版社就约我写一套关于数码摄影入门方面的丛书，酝酿了3年、思考了3年，反复激烈的思想斗争也历经了3年（与自己，与同行，与编辑）。

　　以前是为专业摄影人写，现在则要为入门的朋友们写，读者群的变化是巨大的，其困难也是可想而知的，给专业人写对我来说是轻车熟路，因为专业术语读者都明白；而对于初学者，我心里实在是没把握：一是内容深浅程度的把握；二是切入点的选择；三是涵盖的内容太多，更困难的则是这套书既要通俗易懂，又要实用，持久耐用。总之，这套丛书要具有知识新、可读性强、操作性强，通俗而实用的特点。

　　全国有几千万的摄影爱好者，能为他们做一点儿有益的事，我又何乐而不为呢？但是，沉重的压力，让我很难抉择。写，就要拿出真功夫，拿出好东西，让读者觉得实用、可读，而不能误人、误时，让读者破费钱财。这也就是3年后此套丛书才迟迟问世的缘由。诚挚地希望此套丛书能对广大数码摄影爱好者学习摄影有所帮助，这将是我最大的欣慰。

　　一台数码单反相机其实就是一架小型计算机。

　　对于刚接触的它的摄影人，就像密码机，每台都有它的"密码解读规则"。

　　每台相机的说明书，都是按特定方法和语言编成的，说明书就是它的"密码解读规则"。说明书的本意是将其变为其他人也能读懂的公开的信息编码，遗憾的是说明书传达出的信息，很多人读不懂。我写本书的目的，就是把读不懂的信息编码表示的含义，通过一种变换手段，把某种独特的信息通过解释、介绍，甚至解读，告诉大家，受了启发后而理解工具，使操作变得轻松简单。

　　不同品牌的相机都按自己的方法和规则给相机、部件、操作方法命名，缺少"统一使用的语言"。就是一个品牌，增加一点性能和功能就出个新机型，形成系列是商业的需要，但是，把操作的按钮在不同的机型上挪来换去，或者把相同的按钮赋予新功能，给使用相机的我们带来相当大的理解和操作上的困难。老外写的说明书有点像学院里的"玄学"，也有点像老中医的"神秘配方"，整个一个"密码游戏"。

　　我教授摄影30多年，对工具的体会很深，我说过"把摄影做好了要过三关，一是工具关，二是方法关，三是表现关"，现在的摄影人大多数都在工具里徘徊，绕来绕去，说他一点不会那是冤枉他，很多人，包括成名的"大师"们，也就是把模式盘拨到A档调调光圈，光线暗了调调感光度，着急了用"连拍"，在曝光这块，还可以说得过去时，就开始四处寻找"天象"拍风光，到老少边穷找"民俗"了。这些充分发挥"相机自动功能"的摄影人，停留在记录层面上。要想走得远一点，拍出的照片和别人的不一样，你就要思考，思考什么？很大一部分是工具能干什么？想法怎样用相机来实现？也就是如何来操作你的工具，你的思考系统存储了多少技术思维上的链接，把工具里大量的性能和功能有机地引入到你的作品之中，决定了你摄影上的智慧程度，也决定了照片的精彩程度。

在这套丛书里我做了这么几件事：

一是，在入门操作的层面上，能简单快速的拍出作品；

二是，解读你必须了解的概念，为操作做好铺垫；

三是，解读模式的操作方法及实时拍摄和动态短片拍摄的操作技巧；

四是，解释各种拍摄题材的操作技巧；

五是，解读菜单、屏幕符号的含义；

六是，镜头的理解与操作。

数码单反相机累计生产数量近亿台。面对数码单反的持有者，笔者对数码单反家族做鸟瞰，从宏观上把握的同时，做微观具体分析，让新手尽快熟悉数码相机的用法。该书语言通俗，操作方法讲解细致，而且结合实战。认真看了，懂了，会操作了，变成你思维的一部分了，菜鸟很快就会成为翱翔蓝天的雄鹰的。

参与这套丛书编写的还有曲晨阳、高福刚、张东海、何晓彦、唐儒郁、李冲等人。

本套丛书的编写得到了中国数码摄影家协会的全力支持，协会主席李济山先生欣然为本书做序，在此一并致谢。

本丛书是广大摄影爱好者的入门读物，也可作为数码摄影培训的参考读物。

李健强

导读

很多摄友选择佳能的EOS单反作为自己摄影的主力机型，希望挖掘相机的潜力。笔者总结多年使用EOS单反的经验，从操作的角度，针对相机说明书没说明白的或根本没解释的，详细唠叨了一遍，又从创作角度，介绍了几十种常用的拍摄方法，还有机身、镜头及RAW的解读，加深你对操作的理解认识，对实战提供帮助。

本书11大特点：
1. 俯瞰EOS，从宏观了解、微观分析佳能单反
2. 解读说明书里没讲清楚的概念
3. 解读相机的默认状态表
4. 通俗讲解按钮与图标的含义及基本操作
5. 逐条解释菜单的含义及自定义操作
6. 结合作品讲解自动拍摄模式的实战操作技巧
7. 结合作品讲解创意拍摄模式的实战操作技巧
8. 对22种常用功能提供操作时的启发思考
9. 结合实战，介绍十二种创作中常用的拍摄方法
10. 对镜头与附件的体验介绍
11. 详细分析RAW软件，在解读的基础上讲操作

导读提示 POINT OUT
1.本书涵盖了现役的EOS单反所有机型，讲清楚基本操作的同时，对快捷操作的"恢复相机默认设置"、"速控屏幕"、"菜单"、"按钮"、"图标"等进行了详细的解读。
2.这是一本使用EOS单反人士的业务必读之书。

目录

第五章 Chapter five

按钮与图标的含义及基本操作

第六章 Chapter six

菜单的操作及含义

第七章
Chapter seven

自动拍摄模式的实战操作

第八章
Chapter eight

创意拍摄模式的实战操作

第九章
Chapter nine

各种功能实战操作时的思考

第十章 Chapter ten

十二种创作中常用的拍摄方法

第十一章 Chapter eleven

镜头如何配置问题

第十二章
Chapter twelve

RAW软件解读与操作

Chapter one
了解佳能，俯瞰EOS

第一章

在这章里我分析了购买单反的人群，

什么人在接受单反机的诱惑？

你选择了佳能单反，就要了解点它的历史，

简述C派的历史与现状；

面对佳能说明书，我有点感受，听我说说，

说明书封面带来的感慨；

要想提高作品质量，就要买单反FX，

读一下，我对全画幅的理解。

什么人在接受
单反机的诱惑?

使用数码单反机的有三类人:

一是,专业的摄影师

他们是摄影记者,或者是用图片谋生的专职人士。拍摄速度,图片质量,适应范围,身份的象征等是他们的追求。

二是,摄影发烧友

得病不是一天两天的事,他们玩过卡片,试过一体机,在入门机上有过投入,他们紧跟科技的步伐,用手摸着钱包,互相攀比着,不停地寻找各种理由更新换代,一些摄影的大网站是他们经常去的地方,发个片,被同道夸几句高兴好几天。也有关心各种摄影比赛的,上届国展收到 18 万多幅照片,其中 90% 是发烧友干的。也参与探讨、比较、争论,在蜂鸟、无忌等有点名气的网站里,使用各种品牌数码单反相机的摄影发烧友,各自成立论坛,在争论各派相机的优劣,于是就有了 C、N 两派之争,这些发烧友是主力。

三是,摄影爱好者

他们可能是教师、干部、退休人士等,不甘心用卡片机去记录,期望用单反搞点创作什么的,生活水平的提高也是一个原因,一步到位,直接上单反!

看一张摄影发烧友级的作品。这是一位银行的退休干部，67 岁的小老头，拿着佳能的 EOS 5D MarkⅡ，拧一个 28-300mm 的白色镜头，加上电池盒等附件，5 斤多，坐了 22 个小时的汽车后拍的作品。

这是从他一组作品里选出的一张，构图平稳严谨，拍摄时机恰到好处，手持相机有功底。从作品中看到了拍摄者积极的心态和对完美的渴望。

简述C派的历史与现状

派，是一个系统的分支。

如果数码相机是一条河，某种品牌的数码相机就是这条河的支流。

佳能数码单反相机 Canon 的英文字头是 C，使用佳能数码单反相机的人数众多，摄影圈里称 C 派。

佳能生产数码相机可以追溯到 1995 年 3 月，佳能 EOS DCS 5，这是佳能 EOS 历史上第一部数码单反相机。我在网上想找张该相机的图片看看，也想对比一下，竟没有一张像点样的，不是小得可怜，就是模糊不清。

当年的佳能 EOS DCS 5 是基于当时胶片旗舰级型号 EOS 1N 打造的，是与数码影像巨头柯达合作的结晶，由佳能提供 EOS 1N 机身和单反技术，柯达负责电子部分和图像处理技术。EOS DCS 5 的感光元件为 154 万像素，用的是柯达 CCD，其面积仅为 14mm×9.3mm，换句话说，EOS DCS 5 的镜头转换倍率为惊人的 2.6 倍，这几乎使得佳能的光学镜头变成了长焦天下，而经过等效折损之后简直就是广角难求了。此外 ISO 范围是 100-400，连拍速度仅为 2.5 幅。由于其结构为佳能 EOS 1N 和柯达电子及图像处理技术组成的一体机身，使机身的重量达到了惊人的 1.8 千克，要知道 EOS 1N 加上当年三剑客之一的 EF 28-70mm f/2.8L USM 的总重量才 1.73 千克。以实用的角度看，EOS DCS 5 无论哪方面都不如今天随便一部拍照手机，但 EOS DCS 5 却为 EOS 开辟了通往数码影像广阔天地的道路，从这个意义上说，EOS DCS 5 功不可没。

光阴转瞬 17 年过去了，现在的佳能数码已经发展到 EOS-1D x 的专业级的高像素机型，有效像素达到了 1 810 万，可进行最高约 14 张/ 秒的超高速连拍，在一台相机上高像素和高反应速度可以兼得。

回过头来看市场，佳能在和其他品牌竞争中的优势地位，很大程度上来说获益于自制感光元件的决策。应该说无论 SLR 技术还是传感器技术，佳能都有很大保留，但是无论竞争对手实力或者市场需求都不到迫使佳能动用所有技术储备的时候，还有潜力啊。到目前为止 EOS 数码单反相机，共计生产 42 种型号，累计产量超过了 1 500 万台。

"更轻松地拍出更美的照片"，保留一种感动、一份心情、一次心动，这是 EOS 的追求。EOS 在不断地创新，也在进一步缩短人与相机之间的距离上做着不懈的努力。

这是2011年生产的EOS-1Dx数码单反相机

小链接：EOS的由来

佳能 EOS 系列取名于"Electro Optical System（电子光学系统）"的首字母缩写，引申为古罗马神话里的黎明女神，在古希腊神话里被称之为"厄俄斯"，寓意她将光明和希望带给佳能，也带给广大摄影爱好者。佳能的单反相机从当年的胶片机到现在的数码单反机都是用 EOS 来命名的。

从说明书的封面说起

首先映入你眼帘的 Canon 这个英文单词，搞摄影的人和想搞摄影的人都认识它，它就是大名鼎鼎的"佳能"，日本的名牌相机之一。

佳能的数码单反相机已经生产了 500 万台，在摄影圈里使用它的人很多，多到形成了一个"派"，派是什么？派是一个系统的分支，假如所有摄影的工具是个系统的话。

这个派，摄影圈里还有个响亮的名字，就是"C派"，取自单词的首个字母。我也用佳能品牌的相机，我也是 C 派的一员。

在封面品牌的标志下有四个我们都认识的中文字"数码相机"，我们很多教科书称做"数字相机"，港澳台同胞称"数位相机"，其实都是一个意思。我一看见这几个字就兴奋，有点革命的味道，它恰恰符合我的摄影信条，就是"享受摄影的全过程"。

从事摄影几十年，我经历了漫长的胶卷时代，从黑白的手工劳动，到彩色的批量生产，再到彩色反转的高消费，现在回想起来，一个感叹，一个感慨啊。

感叹的是，我坚持的"享受摄影的全过程"的观念，左右了我半生，这些年我是怎么过来的啊，把厕所挡上，冲洗胶卷，上大学时钻到下铺用毛毯挡住，印照片，出来时肚皮冰冰凉，当自己有了真正的暗房时，我在里边一呆就是 17 年，用过的相纸空盒摞起来比我的身高都高，多少个不眠之夜啊，苦是苦了点，可"享受摄影的全过程"这个观念支撑着我，买大盘的电影胶片自己缠胶卷，骑自行车满世界的去拍，回来自己冲洗、放大，乐在其中啊，尤其是拿

了几个小奖后，那干劲可足了。

当彩色胶卷革了黑白的命后，自己拍的彩卷，被彩扩店的高中生们扩印，被那些工匠们按"一般规律"放大，"创作意图"怎么也实现不了，心里不甘啊。自己建个彩色暗房！于是把那点积攒，买了台彩色放大机，后来又增加了一台，钱不够先买台二手的冲纸机，那台富士的干进干出的冲纸机，给我立下了汗马功劳，一直到它寿终正寝，后来又添了一台全新的虎丘的干进湿出的，就这样，找个好点的、有点关系的彩扩店，把彩卷冲出来，回来自己校色放大，这样一干就是八年，几天不闻药水的味，浑身就难受……就这样，我在"享受摄影的全过程"中，受益匪浅啊，尤其是后期的技术提高，对前期拍摄的反作用是很大的。

反转片可没少拍，可自己在拍时不管多认真，冲洗时都是假手他人，自己也试着冲洗过，买天枰，找配方，技术上失败的概率太大了，效果满意的少，往北京邮，那几天的等待，就是煎熬啊。违背"享受摄影的全过程"这个观念，使我非常痛苦……

当数码刚出现时，我眼前一亮，我感觉这是摄影的一个大趋势，"一定要把数码摄影搞明白"！这是我一生中做过的几个正确抉择之一。认准了就干，当时只有报社有数码相机，找朋友把说明书复印回来，去图书馆查外文杂志……很多同行劝我，你都"功成名就"了，还瞎折腾啥……结果呢，我把南墙撞倒了，我成功了。当各种名誉、头衔纷至沓来时，那些"讽刺""打击"我的，开始向"组织"靠拢了。

我已经出版了 32 册数码摄影方面的专著，那些人，很多都成为我的"忠实"读者了。

我爱摄影，更喜欢数码相机，数码相机先后换了 16 茬了，各种品牌的试了个遍，那点钱都扔在数码上了，我不后悔。是什么有这么大的力量？还是我坚持了几十年的摄影信条，"享受摄影的全过程"这句话。

感慨的是，数码相机的出现，改变了摄影人的思维模式和行为方式，更符合网络时代。

对于初学者来说，不要花大量的银子买胶卷了，按下快门马上就看到结果了，不满意删除重来了，不要冲洗照片了，坐在明亮的灯光下，倒一杯热茶，鼠标一动，二次创作了，作品艺术了，情趣陶冶了，生活丰富了，一架数码相机 + 一台计算机，再加上一颗充满欲望的心和智慧的头脑，就把我费劲巴拉坚持几十年的信条搞定了，真羡慕你。

《秋的感觉》摄影 李继强

操作密码：光影效果是观察时经常提醒自己的思考方向，有些无名小景也出片。注意用相机的功能去思考，可以多次拍摄试验，检查自己的相机设置。

该片是用 5D Mark II、P 档、中央重点测光、曝光补偿 -0.7 手持拍摄的，当时在屏幕上看感觉有点暗，回来在计算机屏幕看，感觉有点味道，符合自己对秋天体验。

我对全画幅的理解

不同类型单反传感器尺寸大小对比示意图

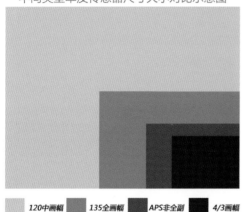

120中画幅　　135全画幅　　APS非全副　　4/3画幅

　　全画幅这个概念是针对传统 135 胶卷的尺寸来说的。大部分的数码单反的图像传感器尺寸都比 135 胶卷的尺寸小，135 胶卷的感光面积为 36mm×24mm，而全画幅数码单反的图像传感器尺寸和 135 胶卷的尺寸相同。比全画幅小的图像传感器我们称其为 APS 型，代号是 DX，全画幅的代号是 FX。目前市场流行这两大类数码单反相机，APS 型的较便宜，适合业余摄影人士，全画幅的较贵，适合摄影的专业人士，和不花自己钱的摄影人。

全画幅的优势之一，不损失视角

　　全画幅的机身可以随意选择自己喜欢的镜头，而免去换算倍率的麻烦，同时也不损失视角。镜头焦距的有效视角会由于图像感应器的尺寸而有所不同：感应器尺寸越小，则视角越小，结果使图像看起来如同使用远摄镜头的焦距所拍摄的一样。大家知道，镜头焦距的单位为 mm（毫米），以毫米为单位计算的焦距，对超广角镜头来说，仅仅 1mm 的差异就会对视角产生极大的影响。用变焦镜头拍摄在远摄端 298mm 焦距和 300mm 焦距，对拍摄图像几乎没有什么影响，而广角端的 14mm 焦距和 16mm 焦距则完全不同，会产生约 6 度的视角差，这点可以从我们拍摄的大量的作品中明显地看出。因此超广角镜头需要与能够有效发挥视角作用的相机搭配使用。EF 镜头可用于任何佳能单反相机，但如果希望能够充分发挥 EF 14mm f/2.8L II USM、EF 16-35mm f/2.8L II USM 这两款镜头所固有的视角和成像特性的话，推荐还是与能够 100% 发挥镜头性能的全画幅相机组合使用。

全画幅的优势之二，广角镜头的用武之地

　　当您在狭小的空间拍摄，或距离拍摄主体过近时，广角镜头是完全必要的。广角镜头与全画幅图像感应器结合可以扩大透视范围或使用更大的景深，从而给您带来更多的创作自由。使用能够带来完美视角的全画幅图像感应器，所有这些美妙的感受都将属于您。全画幅相机可充分利用所有 EF 镜头原有的视角，使用广角镜头时能够体验到震撼性的透视感。全画幅图像感应器的优点之一，就是能够 100% 发挥出广角镜头的"味道"。仅几毫米差异就会带来极大影响的广角世界，在全画幅环境下才能充分发挥作用。

全画幅的优势之三，挖掘特殊镜头的潜力

　　全画幅可以让摄影人充分利用鱼眼镜头所特有的极度广角透视效果。还有，移轴镜头与全画幅图像感应器相结合，也是享受摄影表现力的理想之选。

全画幅的优势之四，虚化背景，控制语言

在拍摄主体距离和视角相同的情况下，大尺寸的图像感应器可以更好地控制背景虚化的程度，制造更短的景深，创造美丽的虚化背景，以控制画面的语言。而且，全画幅CMOS 图像感应器能够让您发现使用大口径 EF 镜头获取所需作品效果的各种角度，激发镜头蕴藏的魅力。

EF 14mm f/2.8L II USM

EF 100-400mm f/4.5-5.6 L IS

摄影人在组织自己的相机体系时，可以考虑买一台全画幅的相机，如 EOS 5D Mark II 或 EOS 1D x 相机，配一支 EF 14mm f/2.8L II USM 镜头，这样在拍摄中就能够最大限度地发挥出超广角镜头独有的表现效果，创造出具有视觉冲击力的作品。

有条件再配一款长焦，我喜欢 EF100-400mm f/4.5-5.6 L IS，再加一台 APS-C 机身，就可以充分发挥长焦的截取和选择能力，把精彩的特写和小品带回来，让细节和味道滋润你的感觉。

摄影发烧的程度如何？看什么？用什么来衡量？

从镜头的选择角度来说，我的体会是：玩记录走中间，搞创作抓两头，全画幅看广角，APS 看长焦啊。

《他俩和她俩》 摄影 李继强

　　操作密码：用拟人的思路去观察，会发现很多可以拍摄的画面，关键是想象和联想。出现在画面里的都是语言，对主题没有帮助的就不要拍进来。

　　该片是用 5D Mark II、P 档、评价测光、曝光补偿 -0.3、照片风格" 风光 "、24-70 镜头、F2.8，手持拍摄的。开打光圈是为了虚化后背景，标题是引导读者欣赏的思路。

Chapter two

第二章

现役EOS数码单反大检阅

对现役EOS数码单反相机的宏观了解，有助于你对数码相机的理解。
作为摄影人理解工具是非常重要的事，也是乐子事，说起相机应"如数家珍"。
我把现役的4款全画幅的，6款APS的，
尤其是5D Mark II与5D Mark III详细解剖了，希望对你有帮助。

现役EOS数码单反相机检阅

EOS-1D X
全画幅约1 810万有效像素
最高约12张/秒的连拍
61点高密度自动对焦

EOS-1 Ds Mark III
全画幅约2 110万有效像素
最高约5张/秒连拍
3.0 " 宽视角LCD

EOS-1 D Mark IV
APS-H约1 610万有效像素
超越10万的ISO感光度
最高约10张/秒连拍

EOS 5D Mark III
全画幅约2 230万有效像素
61点高密度自动对焦
最高约6张/秒连拍

EOS 5D Mark II
全画幅约2 110万有效像素
最高约3.9张/秒连拍
3.0 " 宽视角LCD

EOS 7D
约1 800万有效像素
最高约8张/秒连拍
全19点十字型自动对焦

EOS 60D

约1 800万有效像素
最高约5.3张/秒高速连拍
约104万点可旋转LCD

EOS 600D

约1 800万有效像素
搭载EOS场景分析系统
约104万点可旋转LCD

EOS 550D

约1 800万有效像素
最高约3.7张/秒连拍
约104万点3.0 " 宽屏LCD

EOS 1100D

约1 220万有效像素
支持高清短片拍摄
多彩机身可供选择

新款机器虚位以待

新款机器虚位以待

在我写作的计算机旁边，摆着一摞佳能单反相机说明书，为了写作的需要，我把现在市场流行的佳能单反相机的说明书搜集全了，最上面的一本，已经翻得卷了边，那就是我 3 年前买 EOS 5DMark II 带来的说明书，就从这些说明书说起，把说明书没说到的地方和大家聊一聊，同时了解一下现役的 EOS 数码单反相机的现状。

专业级的有 3 款：

全画幅的EOS-1D X

具备了四个最高：高画质、高反应速度、高速处理数据、高像素。

追求高画质的话，当然要选择专业级的高像素机型，一张作品的画质好不好，是由很多因素综合决定的，高像素是一个关键因素，EOS-1D x 的有效像素可以达到约 1 810 万，因为是全画幅，像素密集度足够，像素单体相对较大，即使天气不好或者夜幕降临时，也能拍出画质良好的摄影作品。

而追求高反应速度的话也一定要选择专业级的高速机型，EOS-1D x 可进行最高约 14 张 / 秒的超高速连拍。现如今已没有了胶片张数限制，而是将数据保存至存储媒体。拍摄时可以尽量释放快门，拍摄后再从中挑选好照片就行了。快门的释放次数是胶片时代难以比拟的，EOS-1D x 全新的快门单元，快门帘幕采用了轻量、高刚性的碳纤维，进一步提高了驱动速度和耐久性，约 40 万次的快门寿命，快门时滞也缩短到最短约 36 毫秒。另外，为了适应 35mm 全画幅图像感应器，实现稳定、高速的驱动，使用了大型反光镜。相对于之前只有一个主反光镜平衡器，EOS-1D x 的主反光镜和副反光镜都各搭载了两个平衡器。再加上短距齿轮系机构和马达的新型浮动支持方式的采用等，实现了约 12 张 / 秒的高速连拍和最高约 14 张 / 秒的超高速连拍。EOS-1D x 是一台相机上高像素和高反应速度兼得的专业机型。

高速的图像处理速度也是专业级的表现。处理高像素数据需要花费时间，我的 EOS 5D Mark II 感觉就很快了，用的是一块 DIGIC 4，是它的上一代产品。而 EOS-1D x 搭载了两块能以 DIGIC 5 约 3 倍速度进行影像处理的 DIGIC 5+ 数字影像处理器。用 EOS 数码单反相机系列中最多的 16 通道，图像感应器捕捉的信号经由 4 个 4 通道模数转换前端模组传输出去后，两块 DIGIC 5+ 以最高约 14 张 / 秒的速度进行高速处理。而且能够对新型图像感应器送出的庞大数据进行比以往更加精细的分析，从而实现降噪。也实现了 ISO100-51 200 的常用感光度范围，最高感光度更是可扩展到 ISO204 800。同时可自动对焦的亮度低至 -2EV，即使是在昏暗场景也能切实捕捉到被摄体。

　　看了上面的介绍，你有什么感想？相机真好！可 6 000 多美元的价格，一般的摄影爱好者谁能买的起。其实，所有的专业相机都是给记者准备的！肯定不掏自己的腰包，因为新闻、体育摄影不是普通的摄影创作，讲求的是对瞬间的捕捉，一旦错失，很可能就永远也没机会再拍到。所以针对新闻、体育摄影而设计的相机，拼的绝对就是极端的机身性能。每次体育盛事，例如奥运会、世界杯，都会激发各大相机厂商对顶级新闻 / 体育相机的角逐。而在伦敦奥运会即将在 2012 年举办之际，佳能推出的这款相机目的很清楚，1D x 将在奥运赛场边与其他品牌（如尼康 D4）一决高下，我们等着看热闹吧。

　　佳能 1D x 对于我们一般的消费者来说，都不是心中所期盼的机型，因为这样专门针对高速摄影的专业机型，为的就是在突发新闻、比赛场合上" 拍得到、拍得清 "，面对极端的拍摄环境（主要是光线），记者们依靠的就是这类型拥有极端机身性能的相机（画质反而是其次了）。这跟我们一般用户平常扫扫街、拍拍美女、记录一下风光的拍摄有很大的不同，严格意义上来说，对于 1D x，我们围观的成分远比研究何时值得入手要高。

全画幅的EOS-1Ds Mark III

　　在 1D X 没上市之前，1Ds Mark III 是很多专业人士的思考购买目标，现在是否需要需从新权衡，在价格基本一样的情况下，而且性能比新出的 1D x 小一号，它提出的"高画质 "、"高性能 "、"操控性 "、" 可靠性 "，1D x 都达到了，而且很多还超越了它，1Ds Mark III 在 " 1 "的传奇里注定会成为一个被淘汰的悲剧角色，因为它老了，从 2007 年到现在，被 1D x 取代是正常的事，我就不细说了。

　　上面这款相机是 C 派摄影圈里经常提到的"大马 4"，看后面我的分析。

EOS-1D Mark IV

　　我的很多记者朋友都在用这款相机，优点很多，就是价格还是比较高，一般摄影人还是接受不了啊。

　　该机有超过 10 万的 ISO 感光度，可以适应弱光环境，因为提高感光度可以提高快门速度，举个例子，如一个光线较弱的拍摄现场，在光圈全开的情况下，速度也达不到手持拍摄的程度，如果被摄体还在运动就更麻烦了，快门速度达不到一定快的话，照片是虚的，就达不到传达信息的目的，如果提高感光度，快门速度就可以提高，假如感光度 100 的情况下，快门速度是 1/15 秒，提高到 6 400 快门速度就可以达到 1/1 000 秒，一般情况都可以应付了。

　　还有 39 点十字型全 45 点自动对焦感应器，当然点越多越好啊，十字型的探测头灵敏度更高；有效像素约 1 610 万像素的 APS-H 图像感应器，1 610 万像素可以出将近一米大的照片，一般都够用了，我感兴趣的是 APS-H 图像感应器，APS-H 也是小画幅，镜头的倍率需要乘 1.4，可以增加长焦的长度。

　　双 DIGIC 4 数字影像处理器，这是第四代处理器，而且在一台相机里用了两块，处理速度的提高可以使拍摄速度达到约 10 张 / 秒，这样的高速连拍对于体育摄影绝对是福音。

　　还有 30 万次快门寿命，防水滴防尘机身，这可是硬指标，假设一天拍 100 次可以拍近 10 年！

　　最高约 30 帧 / 秒的全高清短片拍摄，也是个好东西，EOS-1D Mark IV 搭载的全高清短片拍摄功能，可以以 1 920×1 080 的分辨率进行短片拍摄，这在专业数码单反相机中尚属首次。EOS-1D Mark IV 可灵活利用数码单反相机特有的功能、丰富的可交换镜头和大型图像感应器的画质进行短片拍摄，进而体验到如大光圈镜头带来的虚化效果和超远摄镜头扣人心弦的视觉震撼等。可以在"P"、"Tv"、"Av"、"B"和"M"各个模式下拍摄短片，不同模式下通过对快门速度、光圈值等的设置就能实现丰富多彩的短片效果。另外，在拍摄短片的同时还可以进行静止图像的拍摄。

　　再说说 II 型液晶监视器，EOS-1D Mark IV 采用的 3.0" 背面液晶监视器是约有 92 万点广视角（上下 / 左右均约为 160°）的"清晰显示液晶监视器 II 型"。由于外部光线造成的内部反射易干扰背面液晶监视器的观察效果，因此 EOS-1D Mark IV 使用了可减少内部反射的结构，在保护层和液晶面板中间的空气层填充光学弹性材料，使外光反射大幅减少。可视性的提高方便了晴天在室外进行短片拍摄和实时显示拍摄。

　　无线文件传输器带来的高系统扩展性，是该机的另一特色。安装无线文件传输器 WFT-E2 II C 就可以使拍摄系统自身得以扩展，当然，这套附件得自己购买，对于记者大有好处，我们一般摄影人就算了。安装无线文件传输器 WTF-E2 II C 后即可对应有线及无线数字网络。文件传输速度最高可达约 54Mbps。可通过网络向电脑和 FTP 服务器等设备进行图像传输。通过具有浏览器功能的移动设备，还能够进行遥控拍摄以及已拍摄图像的查看。另外，使用 USB 线将可移动硬盘连接到 WTF-E2 II C，通过 USB 控制功能便能直接将图像数据保存到硬盘中，这样就避免了因更换储存卡而错失最佳拍摄时机情况的发生。除此之外，WTF-E2 II C 还能与兼容短距离通信技术之一蓝牙的 GPS 进行无线连接。由于相机本身无需安装 GPS 设备，因此在使用 GPS 功能的同时不必担心会影响到相机的易用性。

全画幅的 EOS 5D Mark II

这是一台准专业的数码相机，我三年前买时，机身花了 16 000 千元人民币，前面专业的是好，对于靠工资收入的摄影人，价格太贵了。几年过去了，感觉该机买对了，该机是佳能今后数码单反相机发展的基本型，看了后来出的几款，都是在该款上的改进和丰富。我买该款相机时，喜欢这款相机的六大理由：

一是，高画质

该机的表现力使重现美丽瞬间变得简单了。这取决于约 2 110 万有效像素的全画幅 CMOS 图像感应器，尺寸约为 36mm×24mm，实现了超分辨率的高画质拍摄，能够精确重现微小细节，全画幅 CMOS 图像感应器拍摄的影像保持着高图像分辨率，图像质量足够精细，不仅可以完全满足在画廊中常见的 10"×12" 幅面的打印输出要求，而且也能满足海报的要求，虽然，这一领域曾经只被中 / 大幅面的胶片所占据。

常用设置 ISO100~6 400 的宽感光度范围，低噪点带来高画质绚丽的图像，通过 ISO 扩展功能，实现 ISO12 800、IS25 600 的超高感光度和 ISO50 的低感光度拍摄。

大的感应器尺寸、宽广的动态范围及低噪音，这才是图像品质的关键。说到动态范围，什么是动态范围？动态范围是表示从高光至暗部，可保存的、精细的色彩渐变范围。细说一下，如果感应器接收的光线亮度超出其动态范围，则会导致"高光溢出"就是照片中特别明亮的区域完全显示为白色。而如果捕捉到的光线其亮度低于感应器可记录的范围，则阴暗区域完全显示为黑色，也就是所谓的"暗部缺失"。EOS 5D Mark II 这块 CMOS 感应器，具有广泛的动态范围，可以从高光至暗部，以减少高光溢出或暗部缺失出现的几率，能够准确拍摄到与您所看到的一样的图像。自然界中有着无限多样的颜色和光线，为了准确地拍摄图像，消除不自然的过渡，能够准确地拍摄到这些细微的光线变化和色彩差别，表现出平滑的色彩和明暗度渐变效果是非常重要的。

图像感应器的尺寸在决定背景虚化质量中起着非常关键的作用：大尺寸的图像感应器可以提供这种迷人的虚化效果所需的景深。EOS 5D Mark II 这块 CMOS 感应器与大口径 EF 镜头结合，能够产生非常迷人的背景虚化效果，这点我在实践中深有体会。

还有，抑制画质下降的红外保护和低通滤镜的防尘。

还有，配备了更高速、更高画质的 DIGIC 4 数字影像处理器也是提高画质的关键。DIGIC 技术性能进一步提高，从细节的忠实到再现被摄物体的色调、阴影，功不可没啊。

这块 DIGIC 4 数字影像处理器采用 14 位模拟 / 数字 (16 384 色调) 信号转换，带来比过去的 12 位模拟 / 数字 (4 096 色调) 信号转换，更绚丽逼真的色彩还原能力。即便是拍摄 JPEG(8位) 图像，由于它们是由 14 位 RAW 图像产生的，因此这样的 JPEG 图像也具有出色的色阶过渡。

在菜单画面里可根据用途选择多种拍摄画质。具备 RAW、sRAW1、sRAW2 3 种 RAW 存储画质，对应 JPEG L(大)、JPEG M(中)、JPEG S(小)。可根据输出照片大小或图像调整水平，选择记录存储画质。从菜单就可分 RAW 画质和 JPEG 画质同步存储图像。

有 9 种白平衡模式应对各种不同的光源条件。9 种白平衡 (WB) 模式，采用自动白平衡或预设的 6 种白平衡，可以实现逼真的色彩还原。可根据光源，直接设定预设白平衡、手动白平衡、色温设置白平衡，实现钨丝灯的暖色或阴影的冷色。如在阳光充足的室内选择钨丝灯白平衡模式进行拍摄等，为摄影人带来更加自由的影像创作的乐趣。一般情况下，选择自动白平衡设置就可获得适当的白平衡效果。

二是，高性能

保证你绝不会错过每一个决定性瞬间，而且可以完美地拍摄下来。

EOS 5D Mark II 的高性能的主要表现为，一个是高速反应性能，能快速将摄影师的拍摄意图表现出来。这得益于那块拥有约 2 110 万有效像素的图像感应器，使约 3.9 张 / 秒的高速连拍性能得以实现。

另一个高性能就是配备高精度 35 区测光感应器，可根据拍摄环境进行精确测光。通过 4 种测光模式，实现适合各种拍摄场景的测光，掌握光线的微妙差异。4 种测光模式是 " 评价测光 "、" 局部测光 "、" 点测光 "、" 中央重点平均测光 "，可根据各种不同的拍摄环境进行相应的选择。

评价测光的含义：是对画面中的 35 个区域进行评价测算，决定适当的曝光，用于常规拍摄，一般记录性拍摄都采用该模式，得到的多为中间调的照片。

点测光的含义：仅对取景器画面中央部位大约 3.8% 的区域进行测光，用于仅希望测算某一点的光量时。表现个人对画面明暗意图的控制很合适，一般用于艺术创作。

局部测光的含义：对取景器中央部位大约 8% 的区域进行测光。用于在逆光情况下，仅希望测算主要被摄体的光量时采用，用于保证被摄主体的曝光量。

中央重点平均测光的含义：将重点放在取景器的中央部位，同时对整个画面进行测光。喜欢用曝光补偿方法创作的，这是最容易体现曝光补偿效果的方式。

还有，就是非常喜欢该机配备的自动包围曝光功能，不管是对于初学者还是老手，都是优选法！因为即使是在难以判断曝光量的情况下依然能实现你需要的拍摄效果。可根据预设的驱动模式，自动调整快门速度、光圈值的自动包围曝光功能。当你在拍摄现场难以判断曝光量的情况下，可拍摄 " 标准 "、" 负补偿 "、" 正补偿 "3 种图像，曝光补偿以 1/3、1/2 级为单位，可进行 ±2 级手动曝光补偿和自动包围曝光，然后选择其中适合的影像。另外，还可在同一菜单画面上设置曝光补偿和自动包围曝光，以便掌握整体曝光补偿量。

自动曝光 (AE) 锁定也是我非常喜欢的性能，可根据自己的创作意图，通过相机可以自如控制复杂的光源表现。通过准确的测光方式和曝光控制，轻松获得心仪的图像效果，并从中得到操作的乐趣。我的操作体验是：在单次自动对焦模式下，使用评价测光时，一旦合焦就会自动锁定自动曝光；而在人工智能伺服自动对焦、人工智能自动对焦模式下，可手动锁定自动曝光。另外，还能够进行闪光曝光补偿，适用于 EX 系列 SPEEDLITE 闪光灯的所有机型。

还喜欢该机简单的 9 个自动对焦点 +6 个辅助对焦点，实现高精度自动对焦这个功能。我的操作体验是：为了高精度准确捕捉被摄体并进行对焦，EOS 5D Mark II 采用了 9 个自动对焦点 +6 个辅助对焦点的对焦系统，中央对焦点采用十字型对焦传感器，并对 f/2.8 光束敏感，点测光圆内的其余 6 个对焦点为辅助对焦点，中间的两个辅助对焦点也对 f/2.8 敏感，其余对点 f/5.6 敏感。6 个辅助对焦点在取景器中看不到，也不可手动选择，都分布在取景器中央点测光圆中，在伺服对焦时参与跟踪运动被摄体。

6 个辅助对焦点为人工智能伺服自动对焦专用，便于对中央位置周围进行更精准的对焦。在选择 " 自动对焦点自动选择 " 模式下，15 个自动对焦点均可实现人工智能伺服自动对焦。通过自定义功能，使用 " 对焦点扩展 " 设置并选择中央对焦点时，6 个辅助对焦点也能参与人工智能伺服自动对焦。在使用光圈大于 f/2.8 的大光圈镜头时，9 个自动对焦点 +6 点辅助对焦点也同时有效，保证了自动对焦的精度和速度。

在不同的拍摄场景下，使用自动对焦模式，拍摄者可以根据需要对焦点位置进行微调，从而提高了对焦精度，进一步拍摄出更具创意的影像。此功能可选择 " 所有镜头统一调整 " 与 " 按镜头调整 " 两种模式。

最后说说取景器，拍摄者通过取景器观察被摄体，取景和对焦，因此，取景器的性能直接影响到拍摄效果。EOS 5D Mark II 的取景器，视角约为 33.3°，便于实现精确取景、对焦的全新取景器。采用新设计的光学取景器，与高端机型（1 系列）几乎相同尺寸，从而大大提高了可视性。视野率约98%，放大倍率约0.71倍，视角约 33.3。屈光度旋钮可从 −3.0 到 +1.0 之间任意调整。实现了清晰、透彻、可视性强、均衡性良好的取景器。另外，取景器内还可始终显示 ISO 感光度、高光色调优先（D+）、黑白拍摄以及电池余量等信息。

三是，全新的拍摄领域

那就是全高清短片拍摄功能。在佳能数码单反相机上，首次实现了 "1 920×1 080 Full HD" 全高清短片拍摄。通过机身上的 HDMI 接口连接高清电视，观赏清晰绚丽的影像。还可连接支持高清格式的高性能电脑，进行视频播放。

EOS 5D Mark II 可以拍摄全高清和标清两种格式的短片：全高清画质的 1 920×1 080 像素（16:9）或 标清 画质的 640×480 像素（VGA,4:3），两种格式的帧频都达到约 30fps。

从超广角到超长焦，甚至鱼眼、移轴等特殊镜头，都可以用来拍摄丰富独特的动态影像。大型图像感应器，配合大光圈镜头拍摄，能够获得很小的景深，形成强烈的背景虚化效果；全画幅图像感应器的低噪点特性，使暗环境下的动态影像拍摄也具有出色的画质；高像素确保了动态影像的画质，达到了高清的水平。与普通静态照片拍摄相同，也使用实时显示拍摄功能，方便的进行对焦、构图后进行短片拍摄。

除了使用相机内置麦克风进行单声道录音之外，还可外接选购的立体声麦克风进行立体声录音。影像处理方面，采用了高画质压缩 MPEG-4 的影像压缩技术，以 MOV 格式的存储方式录制影像。

我的操作体验：通过固件升级，佳能在 EOS 5D Mark II 的短片拍摄模式中新增加了手动曝光拍摄功能，可以手动调整 ISO 感光度，光圈值和快门速度，大大提高了短片拍摄的可控制性。

短片、照片均可用 HDMI 端子实现高清影像输出。相机配有 HDMI 端口，可用选购的 HDMI 接线将相机直接与高清电视或应对高清格式的电脑或显示器相连，这样就能通过大画面观赏全高清格式拍摄的高清晰度的动态影像。另外，照片也能全高清输出，不仅是拍摄，还可以体验一把"观赏的乐趣"，当然，你还需要有一台高清的电视。

在拍摄短片过程中，如遇到想作为照片保留的精彩瞬间，只需按下快门按钮即可完成，能以预先设置的记录格式随时拍摄照片。当拍摄照片时，相机将暂时中断短片拍摄，结束照片拍摄后，相机会自动返回实时显示拍摄，恢复到短片拍摄状态。可用设置键（SET 键）控制短片拍摄的启动／停止。

四是，可靠性

想更好地发挥相机的性能，就必须具有良好的稳定性和耐用性。为了应对严酷的使用条件，始终保持卓越的性能，可靠性是信赖的基础。

没有冗余成分的精致机身造型和适中的重量感，方便拍摄者握持，享受"掌握的乐趣"。高刚性镁合金外壳的机身，不仅坚固耐用，而且能实现稳定的拍摄。

快门寿命达到约 15 万次。

为了适应严酷的拍摄环境，EOS 5D Mark II 具备一定的防尘防水滴性能。

电池容量增大到了 1 800mAh（毫安）的

全新锂电池 LP-E6，在相机液晶监视器上能够精细确认电池剩余电量，避免在拍摄过程中出现电量不足。

原厂专用电池手柄，在前、后盖均采用了镁合金材料，保证了坚固耐用，并提高了持握的舒适感，形成了与 EOS 5D Mark II 一体的高品位外观设计。可配备 2 块 LP-E6 锂电池，或通过电池夹使用 6 节 5 号碱性干电池。电池手柄背面配备了快门按钮、主拨盘、对焦点选择按钮等，使竖拍操控性也得到了提高。当然，电池手柄得自己掏腰包购买，我就花了 1 100 元人民币配上的。

五是，操控性

追求卓越的操作性，让拍摄更自如便捷，是我选择相机的一个理由。网上流行的那句话"睁着眼睛玩尼康，闭着眼睛用佳能"，我有体会。

（1）清晰显示的 LCD 屏幕。

拍摄后当场就能确认图像是数码相机特有的优势。EOS 5D Mark II 采用 92 万点 3.0″宽视角、防反射、清晰显示 LCD，视野率约为 100%,浏览视角约 170°。通过防反光处理，即便明亮的户外也可通过液晶监视器确认所拍摄的图像，清晰的画面方便拍摄者确认对焦点和抖动。应对在明亮的户外、室内或夜晚等拍摄环境，相机 LCD 可自动进行亮度调整，也可以进行 7 个级别的手动亮度调整。注意！液晶监视器下面有个探测头，根据照射到上面的光线的强度，自动调整 LCD 的亮度，这个小把戏，开始在没有详细研究说明书的情况下，吓了我一跳。

在拍摄过程中，可直观地在 LCD 上调整拍摄设置，简单方便。在液晶监视器上即可完成详细的拍摄设置，一目了然，简明易懂，即使是初学者也能轻松使用。

（2）简明易懂的速控屏幕。

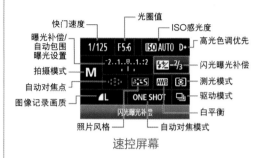

快门速度　光圈值　ISO感光度

曝光补偿/
自动包围
曝光设置　1/125　F5:6　ISO AUTO D+　高光色调优先

　　　　　　-2..1..0.1..2　闪光曝光补偿

拍摄模式　M　　　　　　测光模式

自动对焦点　　　　AWB　驱动模式

图像记录画质　ONE SHOT　白平衡

　　　　闪光曝光补偿

照片风格　　　　　　自动对焦模式

速控屏幕

　　　LCD上的直观显示，术语叫"速控屏幕"，简明易懂，可迅速完成拍摄设置的速控屏幕，给操作带来极大方便，节省时间啊。

　　　在液晶监视器上能直观了解相机当前的设置，还能迅速设置完成你希望的详细拍摄设置。在准备拍摄的状态下，按下多功能控制钮即可显示速控屏幕，可看着屏幕通过多功能控制钮以及通过主拨盘／速控转盘选择功能，方便进行难以看到相机顶部按键的高角度拍摄。另外，按动设置键就能显示设置菜单，可在调整设置的同时确认所选功能。

　　　认读速控屏幕里的符号的含义，是初学者操作的基本功之一，我后面会详细解读速控屏幕的操作和符号的含义及创作时选择的思路。

　　　（3）CA 轻松了解专业摄影技术的创意自动拍摄模式。

　　　设置时选用模式转盘中的"CA"（创意自动）模式，就会出现上面的速控界面。对于想拍出独具风格的照片，但对光圈、曝光等专业性设置尚不了解的初学者，可以选择能够清晰表示各种拍摄设置的创意自动拍摄模式。能直观地根据画面中提示进行调整，并

可对图像亮度，背景虚化等进行设置。设置创意自动拍摄模式，通过选择模式转盘中的 CA 模式，液晶监视器上显示设置菜单，然后按下多功能控制钮，用多功能控制钮进行选择，并通过主拨盘／速控转盘进行设置，即可轻松得到你想要的效果。

　　　（4）多种拍摄模式同样可用模式转盘选择。

模式转盘

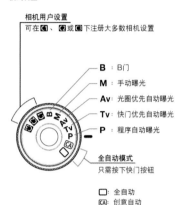

相机用户设置
可在 C1、C2 或 C3 下注册大多数相机设置

B ：B门
M ：手动曝光
Av ：光圈优先自动曝光
Tv ：快门优先自动曝光
P ：程序自动曝光

全自动模式
只需按下快门按钮

□ ：全自动
CA ：创意自动

　　　对于初学者，各种拍摄模式会令您轻松得到自己理想风格。多种拍摄模式，只需使用模式转盘轻松一转，立刻进行选择。

　　　简单解释一下这些模式：

　　● 全自动

　　　相机为您设定所有必要的功能，你只需按快门就可以了。

　　● 程序自动曝光

　　　此模式下相机自动设定快门速度和光圈值。还可以根据拍摄需要设置不同的相机参数，外接闪光灯的发光也由您控制。

　　● 快门优先自动曝光

　　　用此模式使速度感和流动感的表现成为可能。配合快门速度相机自动设定光圈值。

●光圈优先自动曝光

可调整光圈值从而控制背景的虚化程度。相机对应光圈值自动设定快门速度。

●手动曝光

这是手动控制快门速度和光圈值的模式。可以参考取景器内的曝光指示标记。

●B门

适用于拍摄天体或夜景等，及需要长时间曝光的场合。

●用户自定义设置

可注册您摄影风格的相机用户设置。不适合初学者。

六是，丰富的功能

玩摄影玩什么？玩功能！操作相机其实就是操作功能。EOS 系列数码相机的丰富的功能与扩展性能，能激发摄影人的影像创造力，巧妙的利用这些功能，实现自己的创作意图是智慧的体现。功能很多，这里选择几个来简单说说。

（1）尽情享受单反相机乐趣，利用种类丰富的 EF 镜头。

佳能为之自豪的高性能 EF 镜头系列，拥有从超广角到超远摄的 60 多款 EF 镜头。EOS 5D Mark II 能不受限制的选用各种镜头（当然，EF-S 镜头除外）。能拍出具有极强透视感的广角镜头、具有良好的锐度和背景虚化效果的大光圈镜头，把视觉延伸的长焦镜头等。众多的镜头当中选择哪一款镜头呢？考虑各种拍摄效果决定所使用的镜头，这也是摄影人的乐趣之一。将各种镜头的特性毫无保留地发挥出来，也是全画幅 CMOS 图像感应器的一大优势。

（2）可以根据被摄体的亮度自动调节亮度及反差的"自动亮度优化"。

由于光线的原因导致被摄体较暗时，如自动曝光不足或闪光曝光不足，低反差，逆光面部曝光不足等情况下，自动亮度优化功能即可发挥作用。它能自动调整被摄休亮度，从而获得逼真自然的拍摄效果。

自动亮度优化功能在菜单的自定义功能 C.Fn II-4 里。该功能的特点为：成像处理时，可根据拍摄结果自动进行适当的亮度和反差调整。它能对被摄体的亮度进行分析，将图像中显得较暗的部位调整为自然的亮度。选用全自动或创意自动模式等拍摄时将会自动启动此功能（设置为"标准"）。选用其他拍摄模式时，则可从"标准、弱、强、关闭"4 个级别中任意选用。通过结合面部检测，在拍摄多位人物或拍摄站在阴影下的人物时，可将人物面部的亮度调整得更加自然。

在 EOS 5D Mark II 里有 25 项自定义功能，后面我再逐个细说。

（3）将常用功能注册到我的菜单，可迅速找到 。

可以简单快速完成拍摄设定的"我的菜单"注册功能，是个提高画质和操作便捷性的好功能。由于可以设置各种用户自定义功能，所以您能快速完成喜好的拍摄设定。5D Mark II 还新增设了功能键，你可以方便的使用用户自定义功能，去注册多种功能。

我喜欢 5D Mark II 提供的各种选项的自定义功能。如配有高感光度拍摄时的降噪、高光色调优先、自动亮度优化、自动对焦微调等功能。另外，将所有 25 项自定义功能按功能分成了 4 大类，可实现迅速的选择和设置。并且，还备有最多可注册 6 项常用的菜单项目和自定义功能的"我的菜单"。当然，初学者在其他功能都熟悉后，再尝试这些吧。

（4）可以根据被摄体选择相应拍摄效果的"照片风格"功能。

佳能的照片风格功能，使您能够根据你的

想象、拍摄环境与被摄体，选择不同风格的拍摄效果，如同选择风格迥异的胶卷，从而以您所喜欢的风格进行拍摄。

照片风格包括：标准、人像、风光、中性、可靠设置、单色共有 6 种设置，还可进一步对锐度、反差、颜色饱和度、色调等内容进行调整。通过照片风格选择键，即可在拍摄时直接显示菜单画面。另外，还可预先根据自己的偏好自定义照片风格。

自定义的照片风格文件可通过"Picture Style Editor（照片风格编辑软件）"制作。可在画面上实时微调反差、色调、色相以及彩度等。制成的自定义照片风格文件可存入相机内，或用于专业照片处理软件—Digital Photo Professional（就是我们常说的DPP）

（5 有两种色彩空间供选 sRGB 及 Adobe RGB。

有适用于电脑环境等一般用途的 sRGB，以及能满足印刷要求的高质量 Adobe RGB 之两种色彩空间可选。如使用对应 Adobe RGB 的 PIXMA Pro 系列打印机产品，即可实现鲜艳浓郁的色彩还原。

（6）提高拍摄灵活性、辅助拍摄的各种配件。

选择相应的配件，可进一步提高相机的灵活性，或实现长时间的拍摄。可以根据不同用途和想要的照片，配置适合的系统。

如无线文件传输器 WFT-E4，一般摄影爱好者就不用花这个钱了。

还有，5D Mark II 没有机顶灯，想配闪光灯，我建议你选择 SPEEDLITE 580EX II，它的最大闪光指数 58。该闪光灯的多种设定可用相机 LCD 液晶监视器进行操作，是高性能的数码对应闪光灯。

电池盒手柄型号是 BG-E6，EOS 5D Mark II 专用配件。需要自己配，我就配上了，花了

人民币 1 100 元。有副厂的价格 300 多元，不知道用起来怎样，没敢试，这么多钱都花了还差这点钱啊。

前后盖采用镁合金。最多可容纳 2 块 LP-E6 锂电池，并可使用 6 节 5 号碱性电池。配备快门按钮，主拨盘等竖拍操控装置。

遥控快门线，配有自拍装置、时间间隔定时器、长时间曝光定时器以及拍摄次数设置等功能的有线定时遥控器（也要自己掏银子）。

（7）包括"Digital Photo Professional"在内的各种软件。

在自己珍视的作品上进行编辑，让您彻底追求终极处理的自我风格。

DPP！对拍摄后的图像进行后期制作，是使用数码相机时可享受的乐趣之一。使用 Digital Photo Professional 可以对图像色彩、反差、锐度、裁剪、亮度、白平衡等进行细微调整，达到你满意的效果。

DPP！可高度调整 RAW 图像。可以从主画面显示的照片中选择一张，使用快速检查工具，可简单、流畅地确认焦点等拍摄情况。还可以使用"印章工具"，清除尘埃对图像造成的影响等。

DPP！可在同一画面比较原图像和编辑后图像，流畅进行调整操作。此外调整好的 RAW 图像，可将调整内容作为调整方案保存添加，或转变为 JPEG/TIFF 图像等保存。

DPP！可根据图像用途，轻松进行裁剪操作。根据打印用纸、框架尺寸、纵横比，在任意的范围内进行合适的剪裁。

DPP！在该软件中自由调整过的图像可直接传到 Easy-Photo Print。并使用 PIXMA 实现高品质输出打印。

（8）5D Mark II 丰富的随机软件。

●相机与电脑通信软件 EOS Utility (Windows/Macintosh)

● RAW 图像专业处理软件 Digital Photo Professional (Windows/Macintosh)

●照片风格编辑软件 Picture Style Editor (Windows/Macintosh)

● 图像浏览 / 编辑软件 ZoomBrowser EX (Windows)

●图像浏览 / 编辑软件 ImageBrowser (Macintosh)

●JPEG 图像合成软件 PhotoStitch (Windows/Macintosh)

EOS 7D

了解 7D 的七双，就基本把该机搞清楚了，这也是一台准专业级的相机，只不过采用是 APS-C 画幅而已，镜头倍率转换需乘上 1.6。

● 双效：高达约 1 800 万有效像素＋ISO 感光度性能卓越低噪点的图像感应器

● 双芯：DIGIC 4 + DIGIC 4 双数字影像处理器实现了约 8 张 / 秒的高速连拍

● 双重：全 19 点十字型＋中央八向双十字型自动对焦系统

●双百：视野率＋放大倍率双 100% 高性能光学取景器

●双层：亮度＋色彩，可辅助对焦的 63 区双层测光感应器

●双兼：外形＋声音兼具的机身设计

●双选：支持实时显示＋全高清短片功能直接选择

EOS 60D

了解 60D 的高度概括的六大释放，就基本上了解该相机了，这是一台中档的数码相机。

六大释放之一：从常规的构图中释放出来
●能够实现多角度拍摄的可旋转 LCD
●可选择图像长宽比的实时显示拍摄
●能够确认相机倾斜程度的电子水准仪

六大释放之二：从既定的图像表现中释放出来
●能够提升表现力的创意滤镜
● 无需计算机即可进行图像处理的相机内 RAW 显像
● 利用基本拍摄区模式也能反映拍摄意图的 " 基本 +"（创意表现）
● 实现快捷图像管理的评分功能
● 利用相机即可轻松调整图像尺寸及改变图像效果

六大释放之三：优秀基本性能带来表现力的释放

●有效像素约 1 800 万的 APS-C 画幅 CMOS 图像感应器带来精细成像

●具有 ISO100-6 400 的常用 ISO 感光度范围，可扩展至 ISO12 800

●捕捉灵感瞬间的高性能快门单元

●可实现细致表现的图像处理系统

●可以根据拍摄目的进行选择的 11 种画质

六大释放之四：从令人不满的拍摄结果中释放出来

●对应 F2.8 的中央八向双十字型，全 9 点十字型自动对焦感应器

●能够对色彩信息进行检测的 63 区双层测光感应器

●高性能数字影像处理器 DIGIC 4 带来的高级图像处理

●约 96% 的取景器视野率，方便进行构图

●有效解决灰尘问题的 EOS 综合除尘系统

六大释放之五：从自动短片拍摄中释放出来

●实现美丽影像表现的短片系统

●使用标准镜头便可获得超远摄效果的约 7 倍数码增距短片裁切功能

●可结合短片表现意图自由进行设置

●各种附件和编辑软件可以提高短片作品的艺术性

六大释放之六：优秀机身设计带来创作灵感的释放

●可提升拥有满足感的机身设计

EOS 60D 重量约 675 克（不包含电池及存储卡），尺寸为约 144.5mm（宽）×105.8mm（高）×78.6mm（厚）。机身的重量和尺寸充分考虑了拍摄时的操作性，饱满深沉的黑色也尽展高级感。

●便捷的操作性激发拍摄者实力

EOS 60D 对应可旋转 LCD，操作性提升。各种操作按钮也经过了重新设计。液晶显示屏前方并排配置了 4 个设置按钮，每个按钮均只对应 1 种功能的设置。可进行设置的功能分别为自动对焦模式选择、驱动模式选择、ISO 感光度设置以及测光模式选择。可以凭感觉轻松快速地对这些使用频率很高的主要功能进行变更操作。

EOS 60D 的速控转盘内侧除 SET（设置）按钮外，还新增了方向键。只需通过右手的拇指便可对各种设置进行变更。此外，使用频率很高的各种操作按钮也集中配置在了机身右侧，从而提高了拍摄时的操作性，为背面液晶监视器的可旋转化提供了支持。

Q 键：也叫速控屏幕键，按下该键马上就会出现速控屏幕，能够在背面液晶监视器画面中对光圈值、ISO 感光度、测光模式以及画质等相机功能直接进行设置。

模式转盘中新增了模式转盘锁释放按钮及 B 门拍摄模式。

还有很多扩展功能：

●内置闪光灯可支持无线引闪功能

EOS 60D 的内置闪光灯具备无线闪光功能，可以通过无线控制具备从属功能的原厂闪光灯 580EX II 或 430EX II 等闪光，覆盖 EF-S 17mm 镜头视角，内置闪光灯的闪光指数为 13，手动闪光时的闪光量，可在全功率至 1/128 功率范围内以 1/3 级为单位进行调节。

●采用 SD 存储卡作为记录媒体

相机采用了 SD 存储卡作为记录媒体，并考虑到对大容量记录媒体 SDXC* 的支持。

*SDXC 标志是 SD-3C, LLC 的商标。

●提升操作性的附件

如完全充电后能够拍约 1 100 张的 LP-E6 电池、能够实现相机远距离操作的遥控

器、纵向拍摄时操作方便的电池盒兼手柄等。

●可添加作者信息及版权信息

只要预先在 EOS 60D 中输入版权信息，拍摄后相机会将版权信息以 Exif 数据的形式添加到图像文件中。输入的版权信息可通过对应 Exif 标准的软件进行查看。

EOS 600D

这是一台中档的数码相机，使用时有很多趣味性，把 EOS 600D 我喜欢的罗列一下：

●能够自动识别拍摄场景的"场景智能自动"

●拍摄角度更自由的可旋转液晶监视器

●可获得微缩景观效果、鱼眼效果、柔焦等 5 种效果的创意滤镜

●实时显示拍摄时，可选择 1:1, 16:9、3:2 和 4:3 共 4 种多种长宽比功能

●约 1 800 万有效像素的 APS-C 画幅 CMOS 图像感应器

●对应全高清（1 920×1 080）画质的短片拍摄功能

●短片拍摄时约 3-10 倍的数码变焦功能

●能够轻松制作短篇电影的视频快照功能

●可由内置闪光灯控制的无线多灯闪光系统

我再往细了说一下：

智能性－EOS 场景分析系统，实现准确的图像处理

●实现5种自动功能联动的"场景智能自动"

●能够准确判断拍摄场景的 EOS 场景分析系统

●根据拍摄场景新生照片风格的"自动"模式

●能够将人物和夕阳色调展现得更美的白平衡

●能够调节亮度和对比度的自动亮度优化

●可应对运动被摄体的自动对焦系统

●可识别被摄体颜色信息的测光感应器

高画质－成熟的图像处理系统，支持高画质

●有效像素约 1 800 万的图像感应器，实现高精度的成像

●DIGIC 4 数字影像处理器带来的高效图像处理

●宽广的 ISO 感光度范围进一步拓展拍摄领域

●减少灰尘拍入图像的 EOS 综合除尘系统

创造力－强大的表现力是拍摄者发挥想象力的有力支持

●EOS 三位数机型首次搭载的可旋转液晶监视器

●可体验创作乐趣的创意滤镜

●拍摄时可确认拍摄效果的实时显示拍摄

●可实现极端高调或低调的曝光补偿功能

●控制图像颜色及风格

操作性－便捷的操作系统，追求直观明了的操作感

●能够准确捕捉被摄体的自动对焦系统

●能够进行简明、快速设置的各种功能

●可实现对拍摄影像的有效管理

●9 种记录画质与能够缩小图像的"调整尺寸"功能

● 善于捕捉拍摄时机的快门单元

● 视野率约 95% 的光学取景器

扩展性 - 进一步提升相机性能的扩展系统

● 可对应 60 款以上的丰富 EF 镜头群

● 附带了 RAW 显像软件 DPP

● 可进行无线操控的闪光系统

● 采用 SD 存储卡作为记录媒体

● 可注册影像回放时的背景音乐

● 可安装电池盒兼手柄 BG-E8

短片拍摄 - 全高清画质 + 众多新功能的短片拍摄

● 全高清画质带来的美丽影像表现

● 短片中可进行约 3-10 倍的数码变焦

● 可以轻松制作短篇电影的视频快照功能

● 可在短片中体现创作意图的各种功能

● 支持专业级影片制作的录音功能和编辑功能

● 自动调整播放音量的低音增强功能

● 支持 SPEEDLITE 320EX 的短片辅助自动照明灯功能

EOS 550D

这是一台中档的数码相机，EOS 550D 的基本情况：

● 有效像素约 1 800 万，新型 CMOS 图像感应器

● 可供选择的 100-12 800 宽广 ISO 感光度范围

● 63 区双层测光感应器

● 速控按钮带来的高操控性

● 约 104 万点，长宽比 3:2 的 3.0" 清晰显示宽屏液晶监视器

● 全高清（分辨率 1 920×1 080）可选最高约 30 帧 / 秒的短片拍摄

● 具有约 7 倍数码增距效果的短片裁切功能

我再往细了说一下：

高精细的成像性能 - 高像素带来更为细腻的图像表现

● 有效像素约 1 800 万的新开发 APS-C 画幅 CMOS 图像感应器

● 100-12 800 的 ISO 感光度范围，扩大了拍摄以及表现领域

● 图像处理可获得不同偏好的成像效果

● 高性能数字影像处理器 DIGIC 4，实现美丽的影像表现

高性能的静止图像拍摄 - 能准确捕捉被摄体的先进技术

● 可准确合焦于被摄体的良好自动对焦捕捉力

● 不错失运动被摄体拍摄时机的约 3.7 张 / 秒连拍性能

● 可进行精确对焦以及最终图像模拟的实时显示拍摄功能

● 可在拍摄时检测光源色彩的 63 区双层测光感应器

● 最高快门速度可达到 1/4 000 秒，不会错失快门时机的高速反应

舒适可靠的操控性 – 良好的操控性更增添了拍摄乐趣

- ●实现顺畅拍摄的优秀操控性
- ●约 104 万点，长宽比为 3:2 的清晰显示宽屏液晶监视器
- ●继承了很高的拍摄信赖性
- ●兼具亲和力与严谨性的机身设计

功能众多的短片模式 – 实现多功能具高画质的短片模式

- ●对应约 7 倍数码增距的短片裁切及约 30 帧/秒的全高清短片拍摄
- ●短片记录质量设置与大型图像感应器，实现丰富短片表现
- ●使用手动曝光根据用户意图拍摄短片
- ●提升操作性的短片拍摄专用菜单
- ●能够使所拍摄短片成为创意作品的扩展功能

丰富的扩展性 – 与数码技术发展同步的扩展功能

- ●提升操控及机动性的附件，遥控器 RC-6，电池盒兼手柄 BG-E8
- ●支持 HDMI-CEC 规格，可使用电视机遥控器进行影像回放操作
- ●可保护拍摄者图像版权的功能
- ●附带的佳能原厂软件 DPP

EOS 1100D

这是一台入门级的数码相机，是佳能首款采用彩色机身的单反产品。包含 EF-S 18-55mm F3.5-5.6 IS II 镜头的 1100D 套机，价格仅 3 400 元。

下面是 EOS 1100D 的基本情况：

- ●EOS 数码单反相机系列首次采用的 4 色炫彩机身
- ●有效像素约 1 220 万 APS-C 画幅的 CMOS 图像感应器
- ●DIGIC 4 数字影像处理器带来高速影像处理
- ●ISO 100-6 400 的宽广常用感光度范围
- ●搭载中央十字型全 9 点自动对焦感应器
- ●搭载了 63 区双层测光感应器
- ●方便理解功能使用方法及特点的"功能介绍"
- ●可通过简单易懂的表述对相机功能进行设置的"基本 +"（创意表现）功能
- ●对应高清画质 EOS 短片

我再往细了说一下：

绚丽色彩－EOS 数码单反相机中首次出现的彩色机身

有 4 种机身颜色可以选择

●大胆张扬个性的跃动红色

●演绎成熟气质的沉静褐色

●表现坚硬冷峻质感的金属灰色

●传承单反相机经典的干练黑色

高画质－高画质性能继承了 EOS 数码单反相机一贯的传统

●约 1 220 万像素带来精细成像

●DIGIC 4 带来的高效影像处理

●100-6 400 的宽广 ISO 感光度设置范围

●调节色调或照片整体感觉的照片风格和白平衡

●可有效防止灰尘附着的氟涂层

便捷操作－初学者也能很快上手的拍摄功能

●清楚反映拍摄意图的设置功能

●可模拟最终效果的实时显示拍摄

●2.7″的背面液晶监视器

●创建文件夹和评分功能，让拍摄后的影像整理更加便捷

●可按照种类或日期进行显示的幻灯片播放

高性能－对应各种场景的高基本性能

●搭载中央十字型全 9 点自动对焦感应器的自动对焦系统

●搭载了 63 区双层测光感应器

●搭载了高性能快门单元

●视野率约 95% 的光学取景器

●可以对应 17mm 广角的内置闪光灯

短片－EOS 短片带来的美丽影像表现

●可以拍摄 1 280×720 的高清画质短片

●短片系统功能覆盖拍摄到编辑的领域

●支持 SPEEDLITE 320EX 的短片拍摄辅助照明灯功能

扩展性－进一步激发出 EOS 1100D 性能的扩展性

●可以搭配 60 款以上的丰富 EF 镜头群

●附带众多专业摄影师使用的 RAW 显像软件 DPP

●记录媒体采用的是 SD 存储卡

●可以通过 HDMI 端子将相机连接在电视上播放

我用了很长篇幅把佳能 EOS 系列数码单反相机概括的说了一遍，目的是让你对佳能现役的数码单反相机有一个总体的了解。

在购买时，对初学者我有两个建议：一个是在经济上不想投入很多钱的，可以考虑购买 1100D 套机；一步到位可以考虑 5D Mark II 这台相机，全画幅还是发展趋势啊。

当然，钱够多的话，1Dx 是梦寐以求的。

　　操作密码：北方的冬天是寒冷的，人们穿着厚厚的棉衣，动作缓慢地在布满积雪的江面上走动，用脚试着冰面的厚度，当你用镜头的眼光去看时，黑黑的树干和高调的环境是那么协调，人物在画面里成为参数比例，形成空间感。

　　我喜欢在清冷的空气中慢慢的游走，用相机冷静记录感兴趣的画面，来表达内心的感觉。

　　该片是用 5D Mark II、P 档、中央重点测光、照片风格"风光"，在详细设置里把反差增加到 +4，风光模式的原始设置是 0，提高反差的目的是避免画面发灰，曝光补偿加了 0.3。佳能 EOS 5D Mark II 使用的锂电池 LP-E6 的容量为 1800mA，耐低温性非常好，在零下 15℃到 20℃的环境下可以工作一个白天，不用更换电池。

详细解读 EOS 5D Mark III

5D Mark III 是 5D Mark II 的升级版，我选择了 22 个不同的角度来解读了一下：

1. 从画质的角度

谈到相机的性能，首先要说画质，图像画质高低是现在我们选择是否购买这款相机的主要看点。5D Mark III 的有效像素数是 2 230 万，比 5D Mark II 的 2 110 万，多了 110 万，像素数多了好啊，可也不是越多越好，因为单纯的像素数不会决定图像画质高低，像素数增加，单个像素的面积会变小，聚光量降低，这样会对画质产生不好的影响。这也是目前网上讨论的焦点，是追求高像素，还是追求大像素问题。单个像素面积越大，各像素的聚光率就越好，可以从图像感应器中读取低噪点的清晰图像信号。实现高像素和低噪点化是目前相机需要解决的关键的问题。这款 5D Mark III 很好的解决了这个看似难以两全的问题。

它采用的解决方法：

一是，全画幅图像感应器。5D Mark III 的约 36mm×24mm 全画幅图像感应器是 APS-C 规格图像感应器面积的约 2.5 倍；

二是，保持高像素数的同时通过 8 通道信号读取实现了高速反应。一般来说大型图像感应器在降噪性、虚化表现，以及发挥镜头性能方面比较有利。

三是，图像感应器前面配置两片低通滤镜，能阻断红外线和紫外线等有害光，有效地抑制颜色失真获得良好的解像感。

四是，通过提高微透镜的聚光率实现高画质、低噪点。通过提高微透镜的聚光率和采用光电转换效率优秀的新光电二极管实现了更高的降噪性。说说佳能的新光电二极管，光电二极管是 CMOS 图像感应器内部将接收自镜头的光转换为电子信号的部分。为了将光集中到光电二极管上，图像感应器各像素表面配置了微透镜。5D Mark III 的 CMOS 图像感应器采用了通过消除相邻微透镜之间间隙、提高开口率的无间隙微透镜技术。加上缩短微透镜到光电二极管之间的距离，更加提高了聚光率。而且 5D Mark III 的无间隙微透镜还能对应画面中央和周边部不同的光线入射角度。通过针对各位置配置形状适合的微透镜，使各像素都能高效聚光。

总之，通过这些技术上的改善，增加了可以转换为电子信号的光量，提高了信噪比。充分发挥各像素的威力，实现了充满真实感的表现效果。

2. 从影像处理器的角度

高性能 DIGIC 5+ 数字影像处理器是支持相机内多项复杂图像处理的保证。将 CMOS 图像感应器传来的约 2 230 万像素的庞大信息迅速并恰当处理的关键部件,便是佳能自主开发、生产的高性能 DIGIC 5+ 数字影像处理器。处理速度实现了大幅高速化,例如显像处理速度为 DIGIC 4 的约 17 倍,DIGIC 5 的约 3 倍。DIGIC 5+ 担负着相机内部的多项处理任务,包括图像生成、降噪处理、相机内 RAW 显像、最高约 6 张 / 秒的高速连拍、即时补偿不同镜头产生的不可避免的多种色像差、全高清短片拍摄等,使 5D Mark III 得以兼备高画质和高性能。5D Mark III 还搭载了两个 4 通道模数转换前端模组,将有效像素约 2 230 万图像感应器获取的模拟信号转换为数字信号。新 DIGIC 5+ 数字影像处理器对应 8 通道高速数据读取,拥有优秀层次性的 14 比特图像处理,最高可实现约 6 张 / 秒的高速连拍,能够在相机内部进行多种图像处理。

3. 从高感光度的角度

新开发的全画幅 CMOS 图像感应器的基本性能,加上高性能 DIGIC 5+ 数字影像处理器的图像处理,实现了 ISO100-25 600 的常用感光度。比 5D Mark II 的常用感光度上限 ISO6 400 提高了两个等级,扩大了高感光度范围。即使在光量少的室内和夜间也能得到高速快门,因此可以有效抑制被摄体抖动和手抖动进行手持拍摄。并且 5D Mark III 的低感光度范围也很广,利用低感光度即使是在明亮的室外使用大光圈定焦镜头也能以接近最大光圈的设置轻松拍摄。具有扩展 ISO 感光度设置功能,可以选择 L(相当于 ISO50)、H1(相当于 ISO51 200)、H2(相当于 102 400)的 ISO 感光度。

5D Mark III 大幅抑制了高感光度拍摄时不可避免的色彩噪点,能不降低解像感地拍出锐利画质。佳能在自主开发、生产图像感应器和

数字影像处理器的过程中,通过共享多种数据,开发出了适合图像感应器输出特点的图像处理算法。EOS 5D Mark III 力求使新图像感应器的特性与数字影像处理达到平衡,实现高感光度下的画质提升,在高感光度下也能实现清晰美丽的画质。

还要说一句,感光度的操控有了大幅提高。5D Mark III 对菜单中关于控制 ISO 感光度的设置项目进行了总结,更加追求操作简便。

如,扩展 ISO 感光度也能在 "ISO 感光度设置 "的菜单选项里进行设置。

此外在抓拍等摄影中方便的 ISO 自动功能也得到进化。

除了 ISO 感光度的上限 / 下限可以任意设置外,在拍摄模式为程序自动曝光和光圈优先自动曝光时,ISO 自动时还能够设置最低快门速度。使用此功能可以尽量避免不符合拍摄意图的低速快门,防止被摄体抖动等。

另外降噪功能也大幅度进化。即使将 " 高 ISO 感光度降噪功能 "设为 " 强 "也几乎不会降低可连拍照片的张数。

4. 从自动对焦的角度

61 点自动对焦,高精度自动对焦系统实现强大的被摄体捕捉能力,是这款相机的另一大亮点,甚至可以媲美专业级 EOS-1D X。

5D Mark III 搭载了新开发的 61 点高密度网状阵列自动对焦感应器,能够更加精确地捕捉被摄体。

这个 61 点自动对焦感应器有以下特点:

一是,通过改良自动对焦感应器的像素构造,低亮度下的可对焦界限达到 -2EV (比过去高 1 级),可强效应对夜间与昏暗场景下的拍摄。

二是,61 个自动对焦点中有 41 点采用呈十字型配置的自动对焦感应器,而且 61 点全

部采用双线错置方式。即使对于仅由水平线和垂直线构成的被摄体，对焦误差也很小，能够稳定地进行自动对焦拍摄。

三是，5D Mark III 采用的人工智能伺服自动对焦 III 代的算法与具备高捕捉能力的 EOS-1D X 相同。因为对动态被摄体的预测精度和追踪能力大幅提高，运动被摄体的速度、方向急剧变化时或多个被摄体交错的场景下，也能够连续捕捉主被摄体，能够轻松完成具有动感的人像和体育摄影。

四是，61 点高密度网状阵列自动对焦感应器带来多样化的自动对焦点选择模式。因为 61 个自动对焦点在取景器中高密度广泛分布，也因为自动对焦点采用了横拍和竖拍都便于使用的方块状排列，所以更容易使自动对焦点与想要合焦的被摄体重合，不会因自动对焦点位置限制构图，因此不需要在对焦锁定后重新调整构图，不仅能够舒适地完成拍摄，还有效避免了对焦锁定时移动相机产生的脱焦，能够拍出更加锐利的照片。

想购买该款相机的摄影人要注意了，在自动对焦问题上你还要进行以下学习：

竖拍和横拍时自动切换自动对焦模式的理解和操作：

5D Mark III 可以在横拍和竖拍时分别设置自动对焦区域选择模式，任意选择自动对焦点。将这个功能用于人像摄影时，能够始终用适合的自动对焦点对主被摄体眼睛对焦，高效率地进行拍摄。并且在体育摄影等竖拍时想要准确合焦于选手面部，横拍时想要捕捉选手之间动作的情况下，可以分别使用具有不同特点的自动对焦功能。只要提前设好横拍和竖拍时的各项功能，相机就能自动判断手持方式的变化，无需进行转换操作，使用事先设好的自动对焦

区域选择模式和任意选择的自动对焦点拍摄。

6 种自动对焦区域选择模式的理解和操作：

为了能针对不同场景完成适合的拍摄，EOS 5D Mark III 搭载了多样化的自动对焦区域选择模式，各模式下的 61 个自动对焦点或单点或多点联动，准确地捕捉被摄体。自动对焦区域选择模式包括 61 点自动对焦、单点自动对焦、定点自动对焦、扩展自动对焦区域（上下左右 4 点）、扩展自动对焦区域（周围）、区域自动对焦 6 种。扩展自动对焦区域模式有两种，可以根据被摄体的动作和性质选择。

解释一下，单点自动对焦是从 61 个自动对焦点中任选 1 点进行自动对焦，能够切实捕捉被摄体。定点自动对焦比起单点自动对焦，能在更狭小的范围内对想要合焦的位置进行精密对焦。在进行人像摄影时想要对眼睛的瞳孔部分进行对焦，或是想要对复杂图形连续出现的被摄体的细微部分进行对焦等场合十分有效。61 点自动对焦一般会对距离最近的被摄体进行对焦，拍摄无规律运动的被摄体，或在重视快门时机的抓拍中使用都很方便。

使用任意选择的 1 个自动对焦点及其上、下和两侧的 4 点或周围 8 点作为辅助自动对焦点进行对焦。适合在拍摄单点自动对焦难以追踪的动态被摄体时使用，可以兼顾对焦精度与快门时机。即使被摄体脱离所选的中心对焦点也能够通过联动的 4 个或 8 个自动对焦点进行对焦，辅助对焦点的数量随着被作为中心对焦点在画面中的位置而变化。适合用于动态人像摄影和规律运动较多的体育摄影。

61 个自动对焦点分为 9 个区域，使用区域内的 1 个或多个自动对焦点进行对焦。拍摄激烈运动的被摄体时比扩展自动对焦区域的模式有效，适合想要优先考虑构图，同时又想高精

度捕捉被摄体时使用。在所选区域内合焦于距离最近的被摄体，当被摄体覆盖多个自动对焦点时，可用多个对焦点捕捉被摄体，以防止中途脱焦。在体育摄影等要捕捉朝相机跑来的领先选手或拍摄激烈运动的单个被摄体时可以发挥威力。另外也适用于重视快门时机的抓拍。

小结一下

5D Mark III 搭载的自动对焦系统以 EOS 系列数码单反相机的新专业级机型 EOS-1D x 的系统为基础，配合 EOS 5D Mark III 的特点进行了优化。新开发自动对焦系统的测距能力、精度、动态被摄体预测能力都比以前的系统大幅提高。并且 61 个自动对焦点中最多 41 点十字型配置的自动对焦感应器和对应 F2.8、F4、F5.6 光束的 3 种自动对焦感应器实现了高精度、高速自动对焦。核心部分配备专门控制自动对焦系统的微型计算机，根据来自各自动对焦感应器和光源检测感应器的信息，并使用新开发的自动对焦算法和专用固件进行对焦。另外还具备强大的自定义功能，能够进行自动对焦微调和镜头固件升级等。各个功能并非单独工作，而是整个系统相互联动，支持 EOS 5D Mark III 强大的被摄体捕捉能力。

5D Mark III 搭载的人工智能伺服自动对焦 III 代采用了比 II 代更高精度、稳定性的算法。针对被摄体的运动特性和速度变化，增加了关于追踪性、自动对焦点切换等参数，提高了动态被摄体应对力。通过利用统计演算改良算法，进一步排除多种对焦偏差要素。例如在被摄体前方被障碍物遮挡等场景中，基于之前的数据信息计算接下来的动作，预测被摄体的位置与速度，进行准确对焦。并且通过智能信息显示光学取景器的搭载，可以配合被摄体动作显示自动对焦点的变化情况，能够在严谨构图的同时追踪被摄体进行连拍。

5D Mark III 在菜单画面中新增加了自动对焦菜单。将以往分散于拍摄设置和自定义等菜单中的自动对焦相关项目归纳于专用菜单中，在一览菜单画面时进行设置，可以根据场景迅速设置丰富的自动对焦功能。另外，对尤其复杂的人工智能伺服自动对焦相关设置新采用了"自动对焦配置工具"的功能，可以边参考配置工具边针对拍摄场景和被摄体选择合适的设置，大大简化了以往复杂的自动对焦相关设置。

5. 从自动曝光的角度

iFCL 智能综合测光系统与 63 区双层测光感应器带来高精度曝光控制。

5D Mark III 搭载的"iFCL 智能综合测光系统"通过活用 Focus（对焦信息）、Color（色彩信息）、Luminance（亮度信息），智能（intelligent）地判断适合拍摄场景的曝光。上下两层构造的双层测光感应器的第一感光层检测绿色光和蓝色光，第二感光层检测绿色光和红色光的色彩信息，识别被摄体颜色。通过识别被摄体的颜色能够有效抑制被摄体颜色对曝光的影响。而且即使在人造光源使被摄体颜色发生变化时也能够判断出正确的曝光。拍摄以往容易曝光不足的红色被摄体和逆光等难以判断曝光的场景时可有效发挥作用。

6. 从测光的角度

将画面分割成63区精确检测的测光感应器。

搭载高信赖性和高测光精度的 63 区双层测光感应器。将画面分成 63 区不容易受逆光和点光源的影响，从而得到稳定的曝光。63 区双层测光感应器能够检测色彩信息，有效抑制特定颜色对曝光的影响。并和 61 点高密度网状阵列自动对焦感应器配合在测光时参照主被摄体的位置与大小，进行更加准确的曝光。测光方式有评价测光、点测光、局部测光、中央重点平均测光 4 种，可以根据被摄体和拍摄场景进行选择。

7. 从场景分析的角度

搭载 EOS 场景分析系统实现进化的全自动模式。

5D Mark III 搭载了 EOS 场景分析系统，能够识别人物面部和被摄体色调、亮度、动作、对比度以及相机与被摄体距离等信息，并以这些信息为基础对拍摄场景进行自动分析。从根本上支持着 EOS 5D Mark III 拍出美丽的照片。

相机通过 EOS 场景分析系统自动分析拍摄场景，选择适合该场景的设置。例如针对包括人物面部的画面、自然 / 室外等风光、黄昏、高色彩饱和度等场景有效，能够根据分析结果自动调节色调、曝光、自动白平衡和自动亮度优化等。另外相机能以 EOS 场景分析系统获得的数据为基础，根据不同场景进行调节，"创造"出恰当的照片风格，只需转动模式转盘，完成构图，按下快门按钮就能拍出美丽的照片。

8. 从自动亮度优化的角度

强化的图像处理功能—自动补偿亮度和对比度的自动亮度优化，实现画质的提高。

自动亮度优化在逆光等容易将主被摄体拍暗的场景和画面整体对比度较低的场景下能够自动调节合适的亮度和对比度。人像摄影时以检测出的面部信息为基准控制画面整体的亮度和对比度。另外，EOS 5D Mark III 即使在拍摄高色彩饱和度被摄体或黄昏等场景时也能根据 EOS 场景分析系统获得的信息自动补偿色调，得到与人眼所见接近的效果。

9. 从高光色调优先的角度

高光色调优先功能将动态范围扩大到高光区域以防止高光溢出，柔和地衔接高光到灰色的层次。在拍摄白云和雪景等风光时很有效，拍摄穿着婚纱等白色服装的人像时也能够发挥效果。可选感光度为 ISO200-25 600，启用时将在液晶监视器和取景器中显示 "D+" 图标。

10. 从镜头像差校正的角度

镜头像差校正有效抑制像差的影响，并新增色差校正。

5D Mark III 能够根据相机内注册的镜头数据在相机内自动校正镜头像差，充分发挥镜头性能。周边光量校正功能可以校正使用广角镜头最大光圈拍摄时容易出现的图像四角发暗现象，并新搭载了色差校正功能。抑制广角镜头容易产生的画面边缘颜色错位和使用远摄镜头最大光圈拍摄时容易产生的色晕，将其校正为锐利的画质。另外，还可以通过相机内 RAW 显象功能和附带软件 "Digital Photo Professional" 校正 RAW 显像时由于歪曲像差导致的画面变形。相机内已注册了 29 款镜头的校正数据，通过使用 EOS Utility 最多可以注册 40 款镜头的数据。

11. 从操作的角度

作为 EOS 系列数码单反相机操作界面标志性存在的主拨盘、速控转盘、多功能控制钮在保留传统的同时配合新机身设计分布。通过反复实验决定其旋转感和按压感。并且变更了电源开关、部分按钮的形状和分布，配合人手动作加入了合理的形状设计。可以边观察取景器边进行操作，兼顾了设计性与便利性。

模式转盘上搭载了模式转盘锁释放按钮，以防止取出、收纳相机时和携带中不小心旋转转盘。并新增了实时显示拍摄 / 短片拍摄开关。此外还将部分按钮改为倾斜按钮，为明确功能采用了按钮内印刷标志等，提高易视性与操作性。

搭载了能够变更按钮功能、方便的"自定义控制按钮"功能，能够根据喜好分配功能，使相机独具特色。负责拍摄功能的大部分按钮都可以改变功能，可选功能丰富。可以将机身正面大型化的景深预览按钮设为显示三维电子水准仪或一键切换图像画质等功能，充分反映用户的喜好。另外，因为能够在设置画面确认当前设置状态，哪个按钮分配了什么功能一目了然，取消和变更设置也很方便。

EOS 5D Mark III 采用新形状手柄，将手柄正面受力部分的橡胶加厚，更有效地承受握持手柄的力量。而且还在接触手指部分的形状上下了一番功夫，提高拍摄中持机移动时的稳定性。背面采用考虑拇指卡位和按钮操作性的形状，并提高了竖拍时的握持感。此外，表面使用橡胶素材提高了使用舒适度，并重新设计了存储卡插槽盖构造，提高其强度，即使用力握持也不会松动。

12. 从存储卡的角度

支持分别记录和双卡同时记录的 CF、SD 双卡槽。

5D Mark III 采用能够同时插入 CF 卡（I 型、兼容 UDMA 模式 7）和 SD 卡的双卡槽。SD 存储卡槽对应 SD、SDHC、SDXC 卡。可以针对不同存储卡设置不同的图像记录画质和存储方式，有"分别记录"、"记录到多个媒体"、"自动切换存储卡"等 4 种方式。而且还能进行存储卡之间的图像复制。可以发挥创意，活用多种多样的使用方法，比如在 CF 卡和 SD 卡中存储相同的数据，将其中一张交给家人或熟人，或是将拍摄用存储卡和筛选过照片的存储卡分开等。

13. 从取景器的角度

搭载视野率约 100% 光学取景器和约 104 万点的大型液晶监视器。

光学取景器的设计以符合全画幅数码单反相机代表性机型为目标，五棱镜比以往更加大型化。实现了视野率约 100%、放大倍率约 0.71 倍的高规格。光学系统采用与镜头相同的非球面镜片补偿色晕与图像变形等，取景器画面明亮清晰。智能信息显示光学取景器搭载了背透型液晶面板，取景器中能显示自动对焦点、网格线、三维电子水准仪、警告符号等信息。取景器内信息显示得到了改善，能显示 ±3 级内变化的曝光补偿，ISO 感光度可显示五位数字。同时显示自动对焦状态指示灯，方便把握各项拍摄信息。

5D Mark III 的背面液晶监视器搭载了大型、高精细度的 3.2″ 约 104 万点的清晰显示液晶监视器 II 型，可有效抑制环境光反射，在室外也能观察到清晰明亮的画面。

清晰显示液晶监视器 II 型采用在表面保护层与液晶面板之间填充光学弹性材料的固体构造。因为不像一般液晶监视器那样有空气层，内部不会出现外光反射，在明亮室外也具有高可视性。

另外，具备接近 sRGB 色彩再现范围的显色性能，利用液晶监视器可以切实进行图像处理或用最终图像模拟功能微调画质。

采用与照片标准长宽比相同的 3:2 长宽比，能够整个画面显示照片，容易确认对焦和构图。

实时显示拍摄时不仅对应放大图像约 10 倍的手动对焦，还可选择 3 种自动对焦模式拍摄。

14. 从辅助构图与回放的角度

辅助构图有 3 种网格线显示。构图时作为向导的网格线在智能信息显示光学取景器中可选择显示或不显示。实时显示拍摄时的网格线显示除了"3×3"和"6×4"之外，还新增了"3×3+ 对角"，在决定三分割构图或对角线构图等时很方便。而且"3×3+ 对角 "在网格线和对角线的交叉部分留有空白,使交叉部分的被摄体容易观察,不易看漏细小的被摄体。

三维电子水准仪可检测相机的倾斜。在实时显示画面和智能信息显示光学取景器上具备显示电子水准仪的功能,可以表示相机倾斜度。即使在看不到地平线的场景和立足不稳的不利条件下也能有效抑制水平和垂直的倾斜,以正确角度拍摄。使用三维电子水准仪不仅更易调整构图,还能在拍摄夜景时发挥威力,即使无法目测地平线和建筑物基准线的场合也可以利用三维电子水准仪更准确地拍摄。

EOS 系列首次搭载的"两张图像显示"功能能够在回放图像时左右并列显示不同的两张图像。通过对比两张图像更容易确认曝光和对焦的好坏。可以全画面显示,同时还能放大查看或显示曝光值等信息。选中的图像周围显示蓝色框,可以用速控转盘等浏览图像。另外,除了可以显示自动对焦点、网格线、长宽比、裁切信息外,还能够对图像进行评分、保护、或删除等。

15. 从 HDR(高动态范围)拍摄模式的角度

后期软件前期化,是数码相机发展的大趋势。5D Mark III 新增加的 HDR 拍摄模式,就是验证。给创作带来方便,减少后期处理时间,提高拍摄乐趣,激发创作欲望是目的。

实现戏剧性视觉效果的 HDR(高动态范围)拍摄模式,是指合成不同曝光图像来表现宽广动态范围的表现方法。

HDR(High Dynamic Range)拍摄模式是指通过数码处理补偿明暗差、拍摄具有高动态范围的照片表现方法。EOS 5D Mark III 可以将曝光不足、标准曝光、曝光过度的 3 张图像在相机内合成,拍出高光溢出和暗部缺失少的图像。一般是针对明暗差大的场景比较有效,但拍摄低对比度(阴天等)的场景也能够强化阴影等而得到戏剧性的视觉效果。选择 HDR 模式可以将动态范围设为自动、±1EV、±2EV 或 ±3EV。

5D Mark III 新增加的 HDR 拍摄模式,有 5 种 HDR(高动态范围)拍摄模式的效果选择:自然、标准绘画风格、浓艳绘画风格、油画风格、浮雕画风格。

"自然"是能够在拍摄明暗差极大的场景时得到接近人眼所见自然效果的模式,可广泛应用于风光和夜景拍摄等。"标准绘画风格"比"自然"的效果更强,将暗处表现得更明亮。"浓艳绘画风格"的特点是表现插图一般的质感,用于明暗差大的夜景等拍摄时很有效。此外,"油画风格"进一步强化了色彩饱和度,因此适合拍摄画面内颜色多的场景等。"浮雕画风格"则能够得到被摄体轮廓发光的效果,拍出特点鲜明的图像。

16. 从曝光补偿的角度

为了应对多种拍摄意图,5D Mark III 具有 ±5 级的大范围曝光补偿量,比 5D Mark II 多了两级。使用光圈优先自动曝光和程序自动曝光等模式拍摄时也能大幅度调整曝光。利用速控转盘调整曝光补偿,并能够从取景器或实时显示画面中确认当前的曝光补偿量。此外,自动拍摄多张不同曝光照片的自动包围曝光拍摄张数能够从 2, 3, 5, 7 张中选择。拍摄逆光等难以判断恰当曝光的场景或想表现光线细微差别时很有效。

17. 从多重曝光的角度

EOS 5D Mark III 搭载了多重曝光功能。多重曝光次数为 2-9 次,有 4 种图像重合方式可选。"加法"是像胶片相机一样,简单地将多张图像重合，由于不进行曝光控制，合成后的照片比合成前的照片明亮。"平均"在进行合成时控制照片亮度，针对多重曝光拍摄的张数自动进行负曝光补偿，将合成的照片调整为合适的曝光。选择"加法"或"平均"还可通过如改变焦点位置进行多重曝光拍摄的方式得到柔焦的效果。另外"明亮"和"黑暗"是将基础的图像与合成其上的图像比较后，只合成明亮（较暗）部分，适合在想要强调主被摄体轮廓的图像合成时使用。

我喜欢连拍优先的多重曝光。多重曝光拍摄时能够选择边确认重叠图像边拍摄的"仅限1张"和"连续"2种模式。无论哪个模式都能够选择"加法"、"平均"等合成方式。在体育摄影等时用连续多重曝光模式中的"连续"捕捉快速运动的被摄体后，运动被摄体的轨迹被连续拍下，能够拍出充满动感的照片。因为多重曝光次数最多为9次，不会像普通连拍一样拍出多张照片，而是仅在一张照片中拍出连续运动的被摄体，容易表现细微动作的变化。此功能主要适用于体育竞技摄影，在想要确认被摄体细微动作的学术、商业拍摄中也很有效。

18. 从画幅比例的角度

操作 5D Mark III 可以享受长宽比带来的视觉效果的多种长宽比功能。

实时显示拍摄时能够改变拍摄画面的长宽比，活用不同的长宽比实现多意图表现。长宽比可以设置为 1:1，4:3，16:9 这 3 种，加上标准长宽比 3:2，共可用 4 种形式拍摄。正方形长宽比的 1:1 具有集中视线的效果，适合祥和氛围的人像摄影。4:3 接近小型数码相机的长宽比，容易调整画面内的构图。横长的 16:9 能得到接近人眼视觉的宽广效果，还能得到类似电影胶片的效果。而且变更长宽比时可以选择

不显示或用蓝色范围线表示实时显示图像的外围区域。

19. 从变更图像设置的角度

能够将所拍的 RAW 图像在相机内进行 RAW 显像，变更为指定的 JPEG 图像。显像时能变更的设置为亮度调节、白平衡、照片风格、自动亮度优化、高 ISO 感光度降噪功能、图像画质、色彩空间、周边光量校正、失真校正、色差校正。拍摄后不使用计算机也能马上将调整过的图像保存为 JPEG 图像。设置效果不易观察的失真校正和色差校正时不仅能放大图像的一部分进行操作，回放期间还能按下速控按钮显示速控画面，设置 RAW 图像处理。另外，还可以用相机缩小 JPEG 文件大小，将其更改成适用于博客或网络相册等的大小。

20. 从记录画质的角度

EOS 5D Mark III 具备 3 种 RAW 图像加上 8 种 JPEG 画质可供选择。一方面为了应对打印等需求的大尺寸数据，另一方面为了抑制文件大小以满足博客或网络相册等需求，EOS 5D Mark III 还增加了文件尺寸更小的 S2（约 1.4MB）和 S3（约 0.3MB）的 JPEG 图像。也可以选择同时记录 RAW 和 JPEG 图像。另外还对应使用双卡槽的"分别记录"功能，将格式不同的图像分别保存在不同的存储卡中。此外，还有按下特定按钮就能临时改变记录画质的"单按图像画质设置"功能，利用此功能可以用与平时拍摄时不同的画质（可用 RAW+JPEG）进行拍摄。

21. 从短片表现的角度

全画幅 CMOS 图像感应器的卓越短片表现，有 3 大亮点。

5D Mark II 搭载全高清短片拍摄功能以来，EOS 短片一直在提高数码单反相机影像表现的

可能性。现在 EOS 短片已经成为影像界的重要存在，能够在许多媒体上看到使用 EOS 数码单反相机与 EF 镜头拍摄的诸多优秀影像作品。EOS 5D Mark III 进一步实现了高画质化和操作性的改善。对应追求高效率的职业编辑工作流程，1 台相机即可满足影像表现的多样需求。从想要挑战影像拍摄的摄影发烧友到以影像拍摄为职业的专业摄影师，可满足广泛用户的影像表现要求。

EOS 短片获得了全世界职业影像拍摄者的好评，之所以拥有高人气，大致有 3 个原因。首先就是其美丽的虚化表现，这是全画幅 CMOS 图像感应器的优越性带来的。第二个原因是其纯净的高感光度特性，能够在低亮度环境中拍摄噪点少的美丽影像，这也要归功于全画幅 CMOS 图像感应器和强大的 DIGIC 5+ 数字影像处理器。第三就是丰富的镜头阵容，对应超广角到 800mm 焦距范围的多视角，再加上鱼眼变焦镜头、微距镜头、移轴镜头等多种多样的特殊镜头阵容也很充实。有了这些要素，便可实现多种多样的影像表现。

5D Mark III 除了可以拍摄充分发挥全画幅 CMOS 图像感应器高画质与清晰、高感光度特性的 1 920×1 080 像素全高清画质外，还可拍摄高清和标清画质短片。针对各画质有多种帧频组合，帧频是表示 1 秒记录图像张数的单位，数值越高越能将高速运动的被摄体拍得流畅，还能够抑制高速摇摄时的图像变形。短片压缩方式对应文件较小、方便使用的 IPB 和适合短片编辑的 ALL-I，可以根据编辑流程分别使用。

为了对应更广泛的需求，高清画质的帧频增加了 50fps。因为 50fps 在 1 秒内可记录约 50 张图像，能够更加流畅地记录、播放高速动作。一般电视上播放的影像多为 25fps 记录，

50fps 的帧频相当于其约 2 倍的记录速度，因此将播放速度减半以慢动作播放也能得到自然的慢镜头影像表现。

拍摄短片时可选择 ISO 100-12 800 之间的感光度。因为在昏暗场景中拍摄短片时不能像拍摄静止图像那样使用低速快门，所以需要具备优秀的高感光度性能。EOS 5D Mark III 通过改良 CMOS 图像感应器，再加上 DIGIC 5+ 数字影像处理器的高性能，进一步实现高感光度拍摄的高画质，适合拍摄夜景，以及低亮度下的人像和动物。另外，短片拍摄时也能借助最终图像模拟功能一边确认画面亮度和白平衡一边拍摄。使用光圈优先自动曝光和手动曝光拍摄时，可以调整光圈拍出大幅虚化，还能用 ±3 级的曝光补偿功能调整成符合表现意图的亮度。

短片拍摄一般为了便于编辑和播放，将想要拍摄内容的前后数秒一并记录下来，因此容易产生不必要的记录，EOS 5D Mark III 能够在相机内以 1 秒为单位删除短片的第一个场景和最后一个场景。编辑后的短片可以作为新文件保存，通过事先删除多余的内容，提高了拍摄后用 ZoomBrower EX 等软件进行编辑的工作效率。

同步录音拍摄短片时的细微操作音也会对作品产生不良影响，5D Mark III 为了解决这个问题，在速控转盘内环上搭载了可静音操作的触摸盘，仅需轻触触摸盘的上下左右就能调节快门速度、光圈值、ISO 感光度、曝光补偿、录音电平等功能。

22. 从附件的角度

你可以选购能提高被摄体对应力，并拓展照片表现力的 EOS 5D Mark III 附件。

一是，竖拍也能保持稳定性的电池盒兼手柄 BG-E11

电池盒兼手柄 BG-E11 是提高竖拍稳定性的 EOS 5D Mark III 专用新型电池盒兼手柄。除了竖拍用快门释放按钮外,还搭载了多功能控制钮和多功能自定义按钮,可实现与横拍相同的操作感。电池盒兼手柄内部可安装 1 块或 2 块 LP-E6 锂电池,或是安装 6 节 5 号电池,能够放心进行长时间拍摄。而且外壳采用了和机身相同的镁合金。通过对各部分实施密封处理,具备和相机同等的防水滴防尘性能。在竖拍较多的人像摄影和使用大口径远摄镜头的体育摄影等时使用很有效。

二是,佳能新旗舰型闪光灯 SPEEDLITE 600EX-RT

最大闪光指数 60 的佳能旗舰型闪光灯,大光量闪光灯的同时充电时间短,连续闪光时的稳定性好。不仅具备高闪光耐久性,且进一步提高了电源触点的信赖性。闪光覆盖范围对应镜头焦距 20-200mm 的视角(使用广角散光板时对应 14mm),广泛覆盖常用镜头。闪光灯 SPEEDLITE 600EX-RT 在光学脉冲传输以外还采用了无线电传输方式。通过多个闪光灯 SPEEDLITE 600EX-RT 组合使用,能够利用 2.4GHz 频率波段的无线电进行无线控制。由于利用了与光学脉冲传输方式不同的无指向性的

无线电,放置从属闪光等时更自由,并且可传输的距离拓展到了光学脉冲传输的 2 倍约 30 米,能实现比光学脉冲传输更加丰富的闪光灯摄影。

三是,多功能的附带软件支持影像表现

EOS 5D Mark III 附带了多种软件,可实现高端高速图像处理和远距离操作拍摄、传输图像,能够满足专业要求。高性能 RAW 显像软件 Digital Photo Professional 3.11 对应 HDR 工具和合成工具等新功能。还搭载了数码化处理镜头残存像差的新图像恢复功能" 数码镜头优化 "。另外,专业编辑工作经常使用的 EOS Utility 2.11 也得到了进化,不仅能够使用接口电缆将相机与计算机连接传输图像,还能自动选择传输失败的图像和未传输图像进行再次传输。而且使用 EOS Utility 进行遥控拍摄时也可以在计算机的拍摄监视器画面中显示音量和电子水准仪等。

从其他方面的角度:

清除图像感应器上附着灰尘;

自动照片风格;

丰富的 EF 镜头阵容;

新型无线文件传输器 WFT-E7C 等,限于篇幅就不一一列述了。

Chapter three
第三章
解读说明书里没讲清楚的概念

介绍看说明书的方法是这章的主要内容。

看懂说明书，能通读、能理解是操作相机的基础，

在这一章里我站在初学者的角度，

把阅读时遇到的说明书里不解释的性能描述，

解释清楚，帮助你通读和理解说明书。

解读说明书里没讲清楚的概念

我首先要做的就是解读相机简介里的问题，我相信，关于简介初学者没有几个能看懂的，而且很多概念的含义，说明书里根本查不到，真是简介啊，我来解释。

说明书不解释的性能描述

例1. 5D Mark II 的描述

具有 2 110 万有效像素的全画面（约 36mm×24mm）CMOS 图像感应器。此外还具有 DIGIC 4、高精度和高速 9 点自动对焦（外加 6 个辅助自动对焦点）、约 3.9 张/秒的连拍、实时显示拍摄以及 Full HD（全高清晰度）短片拍摄功能。

例2. 60D 的描述

具有约 1 800 万有效像素的高画质 CMOS 图像感应器、DIGIC 4、高精度和高速 9 点自动对焦、约 5.3 张/秒的连拍、实时显示拍摄以及 Full HD（全高清晰度）短片拍摄功能。

例3. 1100D 的描述

具有约 1 220 万有效像素的高画质 CMOS 图像感应器、DIGIC 4、高精度和高速 9 点自动对焦、约 3 张/秒的连拍、实时显示拍摄以及高清晰度（HD）短片拍摄功能。

上面的关于性能的描述看懂了吗？搞不懂这些术语就谈不上懂单反，还是学习一下吧。

像素数量的含义？

2 110 万、1 800 万、1 220 万，像素数量越多越好？是的，像素多画质细腻，对细节的描绘好，质感也好。可有个条件，就是像素的个体要相对大，我们知道图像的最小单位就是像素，像素个体大，接收和传输的性能就好，画质就有保障，例如，卡片机的像素也很多就是画质上不去，其原因就是像素个体太小，而且图像感应器的面积也小得可怜。那把像素做大不就行啦吗，唉，像素大了图像感应器的面积不够大，像素的数量又不够，这是一对矛盾，图像感应器的面积有限，要想像素多，像素就得小点，我为什么鼓励大家买单反全幅相机的道理就在这里，像素数量相对多，像素个体相对大，因为全幅的面积大啊，画质相对会好些。现在数码圈里关于高像素和大像素的优劣讨论的正欢，其实解决的办法很简单，把画幅做大就可以，像素又多，个体又大，画质肯定好。悲哀的是产品的价格只有极少数人能接受。我说玩数码相机到一定阶段时，想追求画质一定是数码后背。当 4 千万的后背卖到 1 万元时，才是追求高画质的摄影人的春天。

有效像素的含义？

有效像素数是指真正参与感光成像的像素，实际用到的像素值，即你拍摄后所得到照片的实际像素。有效像素的数值才是决定图片质量的关键。并不是 CMOS 上的所有像素都参与成像，其中一部分像素用于和拍摄有关的测光、自动聚焦和自动调整白平衡等。

5D Mark II 的有效像素：21 026 304

60D 的有效像素：17 915 904

1100D 有效像素：12 166 656

全画面的含义?

摄影圈里称"全画幅",代表符号 FX。是指 CMOS 图像感应器的面积和 135 胶片的面积相等(36mm×24mm)。CMOS 尺寸越大,成像也相对较好,是单反相机发展的大趋势。

相对应全画幅的就是 APS-C 规格的(22.3mm×14.9mm)CMOS 图像感应器的面积比全画幅小里一大圈,在佳能现役的 9 款数码单反里有 5 款是 APS-C 规格的,镜头换算是乘 1.6 倍。

还有一款是 APS-H 规格的(27.9mm×18.6mm),就是 1D Mark IV, CMOS 图像感应器的面积比 APS-C 规格的大了一小圈,是 2009 年 10 月上市的。镜头换算是乘 1.3 倍。

佳能全画幅的相机有 4 款

1Ds Mark III 发布时间 2007 年 8 月

5D Mark II 发布时间 2008 年 09 月

1D X 发布时间 2011 年 10 月

5D Mark III 发布时间 2012 年 3 月 2 日

佳能 APS-C 规格的相机用 5 款

7D、60D、600D、550D、1100D 都是 APS-C 规格的相机。代表符号 DX。镜头换算是乘1.6倍。

CMOS图像感应器的含义?

图像感应器是数码相机的影像接收器或叫传感器。对影像输入的质量起到关键的作用。早期的数码相机都使用的是 CCD 图像感应器,近几年逐渐转为 CMOS,质量也在不断提高,与 CCD 相比,CMOS 具有体积小,制造成本低,耗电量不到 CCD 的 1/10,价格便宜,售价也比 CCD 便宜 1/3 的优点。

DIGIC 4的含义?

是第四代影像处理器。DIGIC 4 处理器是佳能 2008 年 9 月发布的。5D Mark II 就使用该处理器,该处理器具有更强的降噪能力,更有利于拍摄人物以及更适合拍摄视频短片。就在我写作该套丛书时,佳能 1D X 发布了,该机采用了两块 DIGIC 5+ 影像处理器和一块 DIGIC 4 作为测光专用的处理器。第五代影像处理器,可以以更高的速度对图像进行高速处理。

9点自动对焦的含义?

自动对焦是利用物体光反射的原理,将反射的光被相机上的传感器 CCD 接受,通过计算机处理,带动电动对焦装置进行对焦的方式叫自动对焦。

9 点自动对焦是指相机里的测光传感器的感应点是 9 个,这是佳能的基本配置。5D Mark II 在基本配置的基础上加了 6 个辅助点,隐藏在点测光圆里,用以提高对焦精度。相机越高档对焦点越多,尤其是越新发布的越注意对焦功能的发挥,7D 就有 19 个对焦点,1DX 更是高达 61 点(对焦点图示 5D Mark II 的、7D 的、1DX 的)。

连拍速度的含义?

也是检验单反相机性能的指标之一。连续拍摄的速度,对于抓取高速运动的被摄体,不漏掉精彩瞬间很关键。一般新闻和体育记者比较讲究,初学者很少用到,故不用去追求连拍的速度和缓存的数量。

5D Mark II 的连拍速度是 3.9 张 / 秒

5D Mark III 的连拍速度是 6 张 / 秒

7D 的连拍速度是 8 张 / 秒

60D 的连拍速度是 5.3 张 / 秒

600D 的连拍速度是 3.7 张 / 秒

1100D 的连拍速度是 3.0 张 / 秒

1DX 的连拍速度是 12-14 张 / 秒

实时显示拍摄的含义?

什么是实时显示?就是像用卡片机那样看着屏幕拍照。操作直观简单,原来数码单反机没有这个性能,也是形势所迫啊,这对于使用过卡片机的摄影人是个很好的过渡。我感觉实时显示挺适合"慢乐摄影"的理念，把相机用三脚架稳定好，慢慢的放大对焦，按照自己的想法慢慢调整明暗、色彩、构图、等待美妙的瞬间出现，轻轻地按下快门，然后回放，放大检查、欣赏玩味。

短片拍摄的含义？

就是录像啊，都可以达到 HD 了，全高清啊。早期的短片性能就是鸡肋，现在拍摄的水平和质量提高的太快了，姜文都用它拍电影了。

高级拍摄的含义？

停留在利用自动模式拍摄阶段的初学者，经过学习后的发展阶段就是高级拍摄。不是仅仅停留在自动模式的拍摄上，而是利用相机的多种功能来设定相机的参数，达到创作的层面。现在很多初学者像使用卡片机那样操作单反，很多功能不会用，或很少用，这是浪费。要学习，充分利用相机的性能和功能，来实现自己的拍摄意图。从简单的记录层面向创作过渡。

再说一句，初学者觉得数码相机复杂，说明书厚厚的一本，学习困难，这也是挑战啊，我的感觉是，当你到了高级拍摄阶段，你会觉得相机太简单，很多情况下不能实现你的拍摄意图，功能再多点，分类再细点就好了，换句话说，越复杂越好用，功能越多对创作越有利。

CF卡的含义？

佳能基本用两种规格的存储卡，一种是 CF 卡，另一种是 SD 卡，5D Mark II、7D 等用 CF 卡；也有采用双卡槽的，一个槽里插 CF 卡，另一个插 SD 卡，如 1D Mark IV；60D 就是用 SD 卡。

存储卡买相机时不提供，得自己购买，别买错了。

买时还要注意存储卡的容量，一般现在都买 8G 的，或更大容量如 16G、32G 等。

还要注意存储卡的传输速度，就是摄影圈里说的转速，高速存储卡好，就是贵点，在买卡的问题上千万别贪便宜。

提出了一个好建议

说明书里提了一个建议："请先试拍几张，以熟悉本相机"。试拍？试验性拍摄。这是学习数码相机操作的基本方法，适合所有的数码相机，因为可以立即查看拍摄的图像，这样非常有利于学习。一边阅读说明书，一边操作相机，练习照片的拍摄步骤，熟悉各种功能的设置和效果，从相机拿到手到基本了解和掌握，不是试拍几张，而是几十张，甚至几百张。初学者听说相机快门有寿命不愿意多拍，这个想法是错误的，说句心里话，相机很少使用到寿的，都是意外导致相机损坏，唉，不等相机到寿，你早换代了。拿 5D Mark II 来说，快门寿命是 150 000 次，每天拍 30 次，可以连续拍摄 5 000 天，也就是 13.6 年，身边这么多摄影人，还没听说谁的数码相机用过 10 年呢。

关于"安全警告"

大多数都是关于电池的，还有电源和闪光灯的，看看了解一下，稍加注意就可以了，不要被那些警告吓住，我有个老学生，头一次用数码相机，很仔细地看了安全警告后，心里产生畏惧感，操作相机小心翼翼，我看了一问，"怕爆炸"！我苦笑。

关于"操作注意事项"

数码相机是精密仪器，仔细看看这些操作时需注意的事项，是必须的。这些都是基本常识在使用时是要认真按照要求去做。

比如"摔落或物理撞击"，要避免的方法，要养成从摄影包里拿出来就挂到脖子上，尤其野外拍摄，用手拎着，背带挂到树枝、扶手等障碍物很容易摔相机，还有，放在桌子上时，背带一定要收拢，好多相机都是这样摔的。

比如"强磁场"，数码相机是光电产品，磁铁、电动机、天线、电视机、扬声器等这些强磁场都可能引起相机故障或破坏图像数据。

还有恶劣天气拍摄，雨水、冬天结霜、风沙尘埃对相机都有损坏，还有屏幕的、存储卡的、镜头的等，看看说明书给出的方法有好处，

养成一个正确的操作习惯，终生受益。

关于"赔偿责任"与"版权"

相机买到手，出现问题自己负责，想找产品公司索赔，难啊，这些条例，都是挡箭牌。版权？就是告诉你什么能拍，什么不能拍，拍了干什么用，这方面常识是应该了解一点，免去很多麻烦。

《草原一偶》摄影 李继强

操作密码：学习摄影的过程其实就像数学建模那样，把各种操作方法的本质属性进行抽象而又简洁地刻划在思维中，提炼出其中的规律，然后在拍摄场景灵活巧妙地加以利用，要注意培养这种意识，将其变成一种能力，来解释或解决拍摄中遇到的实际问题。

该片是用5D Mark Ⅱ、A档、F2.8、评价测光、照片风格"风光"，在详细设置里把饱和度增加到+1，曝光补偿加了0.3，白平衡自动，先构图，然后手动选择自动对焦点。

你是怎么看说明书的

在相机买到手之前，我相信你对相机的主要性能、功能指标，已经有了一个基本的了解，我就纠结过，向使用相同品牌的摄友打听，了解他们使用的感觉，上网反复查性价比，什么多大像素，连拍多少张等。当把相机买回来，看到相机上那么多的按钮、拨盘，头有点大，真不知道从哪下手。怎么办？我给出的方法是看说明书！一路走过来，在看说明书上颇有点体会，小结一下与你分享。

摄影人对说明书的态度有几种现象：

一是，根本没看。学员里有一部分在胶片时代玩过相机，按惯性和习惯来理解数码相机，有的甚至用传统相机的思维方式和残存的摄影知识去想象和操作，高估了自己，低估了数码相机，搞出了很多笑话。数码相机比传统的相机复杂多了，主要表现在理解上，而操作上是相对简单的！说句心里话，其实复杂是好事，当你达到创作层面时，可以操作的东西多了，你就可以比较容易的实现拍摄意图。

二是，选择性的看了几页，不求甚解。数码相机买回来，要说说明书一点没看，那是有点冤枉他，很多人简单翻翻，挑自己认为有用的、感兴趣的选择性看几页，感觉其他的不用看了，掌握这些就够用了，还安慰自己，我也不是搞专业的，会使就行了。我在本书的前言说的话就是这些人的写照："包括成名的"大师"们，也就是把模式盘拨到 A 档调调光圈，光线暗了调调感光度，着急了用"连拍"，在曝光这块还可以说得过去了的时候，就开始四处寻找"天象"拍风光，到老少边穷找"民俗"

了。这些充分发挥"相机自动功能"的摄影人，停留在记录层面上。"记录，没错。可数码相机的性能、功能很强大，不把这些潜力挖掘出来，浪费金钱是小事，不发挥他们的作用，在艺术创作上您也走不远啊。

三是，没有耐心，说明书很少看完。在摄影圈里这样的人很多，一直到数码用坏了，换代了，说明书还是崭新的，当然有老外说明书的写法问题，写的不流畅，书面语言酸涩绕嘴，而且还颠三倒四，一个问题没说完，见下面多少页，还没搞清楚，又回见前面多少页，把人搞的直发懵，一些专业知识，生疏的概念缺少解释读起来老卡壳。也有懒惰的问题，越是自动化，把人搞得越懒，遇难而退，这样的摄影人不适合选择摄影这个行当，当然，玩玩是另外一回事。

四是，看不懂。数码相机就是一台小型计算机，现在的年轻人，习惯这种计算机的方式。可上点岁数的摄影人，大多数都是半路出家的，知识结构陈旧，不能吃老本，数码这个弯拐的有点急，研究说明书真有点难为他。

五是，更可气的是，看不懂也比丢了好啊，很多人拿说明书不当回事，有些简单问题我说你看看说明书就能明白，回答是找不着了，丢了。

关于说明书我是有教训的，说明书就是操作手册，是理解工具的钥匙，它本身就是工具书。严重点说，看不懂是能力问题，丢了是态度问题。

六是，因为没有人能把说明书全记住，尤

其是作为现代的摄影工具的数码相机，我给出的建议是，说明书应随身携带，备查。当然，在风景区、旅游点，查看说明书有点掉价，地点可以选择，方法是正确的。

您那台相机怎么操作？最权威的老师就是说明书。大多数说明书只说是什么，怎么做，不讲为什么，原理，概念、相关知识不解释，也是看不懂的原因。

我在这本书里帮你来解决这些问题，操作是简单的，可为什么这样操作，而不是选择另外的功能？这样做的效果怎样？点出关键的操作步骤，把原理说清让您明白，概念讲解清楚，相关知识链接上。唉，写这本书的工作量真大啊。最后说一句，研究说明书是每个摄影人都必须做的功课，仔细看说明书吧，如果卡住了，就翻翻这本书，会有收获的。

《年货》摄影 李继强

操作密码：小时候盼过年，可以穿新衣服，吃好吃的，放鞭炮，还不用写作业，可以和小伙伴尽情的玩……现在年的概念淡漠了，整天忙碌着，好像过年和平时没什么两样，也不知道怎么了，身心怎么这么累啊。雪屋的窗台上，年货唤起我儿时的回忆。

该片是用5D Mark II、A档、F5.6、评价测光、照片风格"风光"，在详细设置里把反差增加到+3，避免画面发灰，曝光补偿加了0.7。

7种研究说明书的方法

1. 通读法

刚买回相机几天新鲜，看说明书也来劲，可说明书没有几个完全看懂的的，更别说看完了。耐下心来，不要分重点，从头到尾读它一遍，有时候前面搞不懂的后面会慢慢明白的，当你看第二遍时，就会有似懂非懂的感觉了。到了第三遍就基本搞定了。

2. 圈点法

您可以拿个笔，最好是铅笔，在通读时把搞不懂的地方画上线或圈起来，我记得刚买5D-Mark II 时，自以为高手的我，竟把说明书圈了将近 30 个圈。实在搞不懂，可以问老师，查工具书，现在更可以上网，输入一个概念，会有几十万个网页等着您来看。别忘了做笔记啊。当你第三遍看完，您会发现圈越来越少，信心是橡皮擦出来。

3. 对照法

把相机放在面前，把每个常用的功能，对照说明书一步步地操作，多次实拍练习，巩固学习成果，为熟练操作相机，打好基础。

4. 重点突破法

把不常用的和一次性的性能、功能先放下，如简介里的、用前准备里的、打印传输、自定义、我的菜单、幻灯播放、短片等。把精力用在模式、图像设置、自动对焦、实时拍摄等上。而且要实际操作，反复设定、拍摄、回放、检查效果，删除，重来。

5. 死记硬背法

速控屏幕打开，上面的符号、图标是干什么用的，应该都认识、知道！

6. 实践操作法

脸皮要厚点，带着说明书走出家门，在步行街、江边、公园等处，练习拍摄，遇到问题随时查看，及时纠正。

7. 虚心求教法

三人行必有我师，尤其是和自己使用一个品牌相机的同伴，多交流，多问，可以得到很多启发。

Chapter four
恢复相机默认设置的操作

第四章

学习摄影都是从摆弄相机开始，你的数码单反相机其实就是一台小型计算机。

操作相机其实就是给计算机下指令，有时候把各种设置搞得乱套了，

还原不回去，怎么办？恢复相机默认设置！

相机默认设置有哪些？每项设置的含义？这章都解决了。

恢复相机默认设置的操作

学习摄影都是从摆弄相机开始，现代的数码相机可比传统相机复杂得多，说白了就是一台小型计算机，想把作品拍好，了解、熟悉、掌握到熟练操作有一个过程。

操作相机其实就是给计算机下指令，各种设置、各种功能的操作、各种试验性的拍摄是免不了的，由于刚学，错误每每出现，有时候把各种设置搞得乱套了，还原不回去，有时害怕搞坏了，总是小心翼翼，战战兢兢的，有什么好方法吗？就像计算机的一键恢复？有，就是菜单里的"清除设置"。

具体操作：

步骤1.按下相机后面的菜单键（MENU）在菜单的第七大项里找到"清除设置"，按下SET键，出现下拉菜单；

步骤2.用"速控转盘"选择"清除全部相机设置"，然后按下SET键确认；

步骤3.出现确认对话框，选择"确定"，然后按下SET键确认。

经过上面的操作，可以将相机的拍摄设置和菜单设置恢复到相机出厂时的默认值。你前面操作的设置、调整，都恢复到相机的原始状态了，也就是相机的默认状态。

1 选择［清除设置］。
- 在［🔧］设置页下，选择［清除设置］，然后按下<SET>。

2 选择［清除全部相机设置］。
- 转动<⊙>转盘选择［清除全部相机设置］，然后按下<SET>。

3 选择［确定］。
- 转动<⊙>转盘选择［确定］，然后按下<SET>。
- ▶ 设置［清除全部相机设置］将重设相机为如下默认设置：

这是EOS 5D Mark II的操作步骤，其他型号的操作基本都一样。当"五角星"出现在标题右边角时，表示该功能只在模式转盘设为P、AV、TV、M或B时有效，不能在全自动模式下使用该功能。

解读相机的默认状态表

我选择 EOS 5D Mark II 相机的默认状态来解释一下，这个表格在 EOS 5D Mark II 相机说明书的 45 页。这个表里的概念很多初学者看不懂，我按照我的理解把这些概念打开，帮助你在理解的同时读懂说明书。

拍摄设置

自动对焦模式	单次自动对焦
自动对焦点选择	自动选择
测光模式	◉（评价测光）
驱动模式	□（单拍）
曝光补偿	0（零）
自动包围曝光	已取消
闪光曝光补偿	0（零）
外接闪光灯控制	没有变化

这是相机"拍摄设置"的默认状态表

自动对焦模式的含义？

相机自动选择的是单次自动对焦。就是每按一次快门对焦一次，适合拍摄静止主体，如风光、建筑等。半按快门按钮时，相机会实现一次合焦。合焦时，合焦的自动对焦点将闪动红色，有提示音，也就是我们常说的蜂鸣音，听见声音就意味着焦点已经对好，可以拍摄了，同时，取景器中的合焦确认指示灯也将亮起。

评价测光时，会在合焦的同时完成曝光设置。

只要保持半按快门按钮不放，对焦点将会锁定，然后可以根据需要重新构图，最后快门按到底拍摄，我们称这种方法叫先对焦后构图。

什么是合焦？就是对焦已经完成。

"保持半按快门按钮不放"是拍摄的基本技术，摄影圈里叫"焦点锁定"技术。

具体操作要领：找到被摄体，轻点快门对焦，当焦点对好时，半按快门的手指不要抬起来，这时的焦点是锁定状态。为什么需要这样操作？因为每张作品都需要构图，你的焦点虽然对在被摄主体上，可这个主体在画面里的位置不一定就是理想的位置，需要向左或向右移动几厘米来重新构图，按住快门不放，焦点是锁定的，不会把作品拍虚。注意，这里说的移动是平移！

相机默认的"单次自动对焦"，一般情况下可以应付大部分拍摄，可我们的拍摄对象是丰富的，也是千变万化的，如果一个静止不动的鸟，在拍摄的一刹那，突然动起来怎么办？这时候人工智能自动对焦就会派上用场，相机会在这一瞬间快速切换到人工智能自动对焦上，而保证你的焦点不脱离被摄主体，而完成拍摄。

还有一种对焦方式叫"人工智能伺服自动对焦"，是针对运动着的被摄体而设置的功能，适合拍摄运动主体，当你在拍摄动体时可以选择这种对焦方式，该自动对焦模式特别适合对焦距离不断变化的运动主体。只要保持半按快门按钮，将会对主体进行持续对焦。焦点会随着动体的运动而跟踪对焦，是拍摄体育运动和动物摄影及一切运动着的被摄体的优先选择。而且曝光参数在照片拍摄瞬间就会设置好。

我们所说的相机操作，其实就是根据拍摄时的具体情况，判断、选择相机的性能和功能。

上面说的自动对焦模式，你有三种选择，一是单次，二是智能，三是伺服。

我把 EOS 5D Mark II 说明书做了截图,你看了就会操作了。

自动对焦模式选择的具体操作

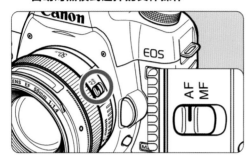

步骤 1. 将镜头上的对焦模式开关置于 〈AF〉。AF 表示自动对焦,MF 表示手动对焦。

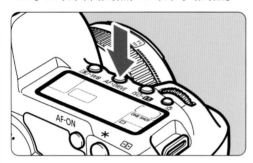

步骤 2. 按下〈AF · DRIVE〉按钮,要在 6 秒钟内开始操作

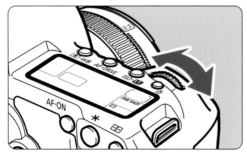

步骤 3. 注视液晶显示屏的同时,转动拨盘,选择自动对焦模式。

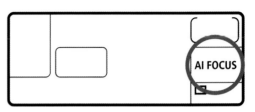

ONE SHOT:单次自动对焦;AI FOCUS:人工智能自动对焦;AI SERVO:人工智能伺服自动对焦。说一下现在选择的是哪一种自动对焦模式?

自动对焦点选择的含义?

相机默认的是"自动选择"。

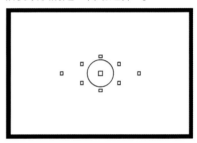

自动选择是让相机自动选择 9 个自动对焦点之一来对被摄主体对焦。不同机型的对焦数量不一样,如 5D Mark II、60D、600D 是 9 个自动对焦点,而 7D、1Ds Mark III 的自动对焦点就是 19 个,新出的 5D Mark III 竟多到 61 个。

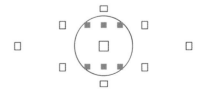

自动选择自动对焦点时,相机首先使用中央对焦点进行对焦。在点测光圈内,有 6 个在人工智能伺服自动对焦模式下工作的看不见的辅助自动对焦点,因此,即使在自动对焦期间,主体从中央自动对焦点移开,仍然可以继续对

焦。此外，即使主体从中央自动对焦点移开，只要该主体被另一个自动对焦点覆盖，相机就会持续进行跟踪对焦。

介绍一种先对焦，后构图的方法：就是对准被摄主体，半按快门对焦，当听到蜂鸣音或看到对焦点闪亮，半按快门按钮不放，对焦点将会锁定，然后可以根据需要向左或向右横向移动相机重新构图，最后快门按到底拍摄，我们称这种方法叫先对焦后构图。注意，横向移动相机只要几厘米就可以了，千万不可前后移动，防止焦点漂移。

在自动对焦点的选择上，你还有另一个选择，就是"手动自动对焦点"。手动选择？就是您可以在 9 个自动对焦点中，手动选择 1 个自动对焦点，用来对被摄主体进行自动对焦。

具体操作步骤：

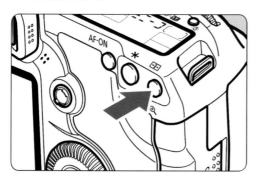

按下"自动对焦点选择 / 放大按钮"。轻点快门，当前选定的自动对焦点，将显示在取景器中和液晶显示屏上。要选择一个自动对焦点时，可使用多功能控制钮来选择或转动快门后边的拨盘或速控转盘。这三种方法都可以达到手动选择自动对焦点的目的。

第一种方法：用多功能控制钮来的方法

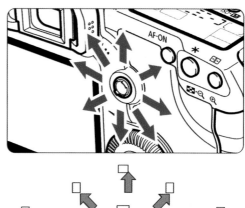

说明一下：

（1）倾斜的按动，自动对焦点选择将在倾斜的方向上改变。

（2）如果径直向下按动，中央自动对焦点将被选择。

（3）如果不断在同一方向上倾斜，将在手动和自动选择自动对焦点之间切换。

（4）所有自动对焦点都亮起后，相机将会自动转换，设置为自动选择自动对焦点。

第二种方法：

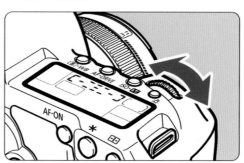

转动拨盘自动对焦点会依次亮起，在需要的对焦点停下就可以了。

第三种方法：

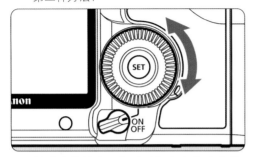

转动速控转盘，自动对焦点会依次亮起，在需要的对焦点停下就可以了。

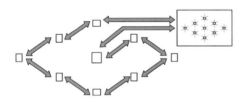

自动对焦点依次亮起是有规律的，如果转了一圈，就会回到自动对焦选择上。也就是说，所有自动对焦点都亮起后，相机将会设置为自动选择自动对焦点。上面三种方法，习惯采用哪种都可以，要注意的是，选择速控转盘的方法，需要把开关调整到拐弯标志上，如果还没有反应，就要打开菜单，自定义一下。

为什么要手动选择自动对焦点？

一是，牺牲对焦速度换来对焦精度。这是常用的基本方法，在拍摄静止的被摄体时，如建筑、树木、花卉、静物等时，用手转动速控转盘或快门后边的手轮，选择 9 个自动对焦点之一，把焦点对准需要的地方，这样可以提高对焦精度，同时克服画面反差弱或无法对焦的情况。又如，用实时显示方式拍摄时，用三脚架稳定相机，手动选择自动对焦点时，还可以放大对焦点，提高对焦精度的同时，保证画面的清晰度。

二是，你可以先构图后对焦！先构图后对焦的方法也是常用的方法。

具体操作步骤：

（1）选择好要拍摄的画面，轻点快门对焦；

（2）检查对焦点，是否在希望的位置上；

（3）按下"自动对焦点选择/放大按钮"，手动修正对焦点，将焦点调整到希望位置，轻点快门确认；

（4）快门按到底，拍摄。

测光模式的含义？

在相机的默认状态下，测光模式是评价测光。

测光有什么用？

测光是曝光的基础和前提，测光主要是测量被摄主体的亮度，在数码相机里有一整套测光系统，为摄影人提供正确的曝光数据，以便设定相机参数，摄影最难的就是曝光问题，现在相机有高科技的参与已经不是问题了，你现在的操作就是选择一种测光模式，来实现你的曝光意图。数码相机的测光系统一般是测定被摄对象反射回来的光亮度，也称之为反射式测光。

评价测光是什么意思？

平均测光模式的工作原理是，测量整个画面的平均光亮度，换句话说就是把画面分成若干个区都测一遍，把测得的数据平均一下，得到一个评价后的参数，提供给相机，相机按照它来选择最佳的快门和光圈组合曝光。这种测光模式的主要目的，是还原被摄体及环境的亮度，适合于画面光强差别不大的情况，我一般拍摄集体合影都采用这种测光模式，还有，拍摄大场面如风光，也经常

用，得到的照片一般都是中间调的。在全自动模式下，自动设置为评价测光。

都有什么测光方式?

您可以选择四种方法之一来测量主体亮度。评价测光、局部测光 、点测光和中央重点平均测光 。

评价测光在屏幕里显示的图标

局部测光在屏幕里显示的图标

点测光在屏幕里显示的图标

中央重点平均测光在屏幕里显示的图标

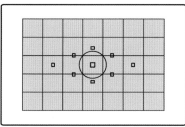

评价测光的测光范围示意。这是一种经常使用的测光模式，上面说过了。

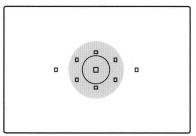

局部测光的测光范围示意。局部测光覆盖取景器中央约 8% 的面积，是突出主体的测光方法。

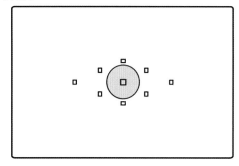

点测光的测光范围示意。该模式用于对拍摄主体或场景的某个特定部分进行测光。测光偏重于取景器中央，覆盖了取景器中央约 3.5% 的面积。一般拍特写和小品常用，可以很好地控制画面的亮度，是营造画面基本影调的好手段。如想拍低调的，测画面最亮处，也就是测高光；想拍高调的，测画面的暗处；拍风景，测中间灰调；拍人像，测阴影处的皮肤等。

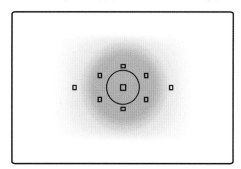

中央重点平均测光的测光范围示意。测光偏重于取景器中央，然后平均到整个场景。也就是说以中央重点为主，同时还参考整个画面的亮度。适用于想突出主体还照顾环境的拍摄意图。

测光模式选择时的操作方法

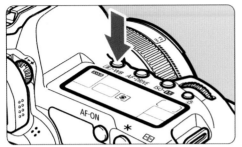

按下测光按钮

　　注视液晶显示屏的同时，转动快门旁边的拨盘，选择一种，能实现你的拍摄意图的测光模式。

驱动模式的含义？

　　摄影的基本动作是按下快门，结果呢？快门打开，光线有控制的照射到感光载体上，经过处理后，存储到卡里，过程就完成了。在不同的设置下，按下快门，可以出现三种情况，一是，拍摄了一张，书面语言叫单张拍摄，也就是按一下快门拍一张；二是，连续拍摄了很多张，摄影圈里习惯叫连拍，就是经过设置后，按住快门不抬手，会以一定速度连续拍摄，当然，这个"一定速度"与相机的性能有关系，如我现在使用的 5D-Mark II 的连拍速度是每秒3.9 张，1Dx 是每秒 12 张；三是，按下快门并没有马上拍摄，而是过一段时间才拍摄，书面语言叫延时拍摄，也叫自拍；这三种情况都与相机的驱动方式有关系。

佳能单反的驱动模式有五种选择

驱动模式	
□	单拍
□₁H	高速连续拍摄
□₁	低速连续拍摄
○̇	10秒自拍/遥控
○̇₂	2秒自拍/遥控

　　单张拍摄：把快门按钮按到底拍摄，一次拍摄一张照片，这是常用的设置。连续拍摄：把驱动模式设置到连拍，按住快门不抬手，可以连续拍摄，分低速和高速两种。自拍 2 秒：这个设置是提高作品质量的手段之一，因为，用手按快门多少都会给相机带来震动，用自拍的目的就是不用手碰相机。自拍 10 秒：自己想进入画面的设置，如合影。遥控拍摄：不用手碰相机，用遥控器来释放快门，也是提高作品质量的手段之一，可以用来把自己拍进画面，也可以用来偷拍。佳能单反的这项设置一般与自拍设置在一起。

驱动模式的操作方法

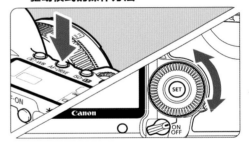

　　按下相机顶上的 〈AF·DRIVE〉 按钮，注视液晶显示屏的同时，转动相机后面的速控转盘，选择一种驱动模式。

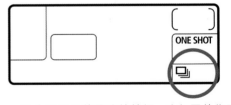

　　这个图显示的是连续拍摄。在红圈的位置还可以出现单张、自拍，是循环的。

自拍的操作方法

按下相机顶上的〈AF·DRIVE〉按钮，注视液晶显示屏的同时，转动相机后面的速控转盘，选择自拍，是在两种自拍方式里选择一种，提高作品质量选择 2 秒，把自己拍进画面选择自拍 10 秒。多说一句，使用自拍仅仅拍摄自己时，可以找一个拍摄时自己将在的位置，距离大致相同的物体，进行对焦并使用对焦锁定。

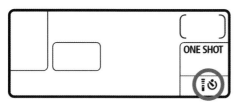

ONE SHOT

这个图选择的是自拍 10 秒，也可以选择自拍 2 秒，在这个设置下可以用手释放快门，等待自拍，也可以用遥控器来释放，释放后自拍时间与设置的一样。

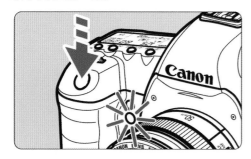

Canon

用三脚架或其他方法稳定相机后，轻点快门对主体对焦，然后用手完全按下快门按钮或用遥控器释放快门，这时可以通过自拍指示灯、提示音和液晶显示屏上的倒计时显示（以秒为单位）查看自拍操作。在快门释放前 2 秒钟，自拍指示灯持续亮起，提示音将变得急促，快门释放拍摄照片。

小链接：遥控器RC-6

遥控感应器

遥控拍摄可选择佳能公司针对旗下单反相机推出的通用型遥控器产品，型号为 RC-6，官方售价为 2 500 日元（约合人民币 184 元）。该产品为佳能原厂制造，采用 CR2032 电池，操作距离可达 5m，能在遥控器上操作即时快门和两秒后快门释放。

也就是说遥控器 RC-6 可以从相机正面远距离操作相机释放快门，操作半径约为 5m。遥控器上除快门按钮外，还增加了"立即释放快门"与"2 秒定时释放快门"的切换开关，实现了快门释放模式的迅速切换。遥控器 RC-6 使用一个型号为"CR2032"的钮扣电池供电，每块电池满电量情况下能够与相机进行约 6 000 次信号传递。其外观尺寸（长×宽×厚）约为 64 mm × 35 mm × 6 mm，重量约 9g，并附带有可固定于相机背带的专用软包，方便外出携带。在朋友聚会的集体合影以及为了避免抖动产生的风光摄影等场景下，能发挥出很大作用。

遥控器种类很多，你有很多选择，RC-6 是遥控器其中的一种。

佳能遥控器 RC-6 可用于 17 款单反如：EOS 5D Mark II/EOS 7D/EOS 60D/EOS 600D/EOS 550D/EOS 500D/EOS 450D 等。

最大连拍数量的含义?

最大连拍数量

被摄体在快速移动，你选择"连续拍摄"，选择正确！按住快门不抬手，就听见快门连续的开合声，真过瘾啊。能连拍多少张？这与你的相机的性能有关，也与你的储存卡的容量有关，买高档相机、大储存卡的目的就在这里。高档相机不但连拍速度快，处理的速度也快啊，还有储存卡的储存速度你也要注意，买高转速的，储存的快。买大容量的储存卡，不担心拍满了没处存储啊。

当连拍过程中内部缓存变满时，取景器中和液晶显示屏上将显示"buSY"，相机暂时不能继续拍摄。拍摄的图像记录至存储卡后，您将可以拍摄更多图像。半按快门按钮可在取景器的右下方查看当前最大连拍数量。这是可以连拍的最大拍摄数量。如果在取景器中和液晶显示屏上显示"FuLL CF"，（储存卡满了）请等到数据处理指示灯停止闪烁，然后更换存卡。

曝光补偿的含义?

曝光补偿是用于改变相机的标准曝光值的操作手段之一。现在的数码单反相机，自动化程度非常高，你只要选择一种曝光模式，相机给出的曝光值一般都是很"标准"的。为什么标准用引号？因为不同摄影层面对标准的理解不一样！一般摄影人或初学者对相机给出的标准是认可的，相机给出的曝光值符合他们的拍摄意图，他们是

在记录层面上。想用图片说话、把摄影当艺术的、搞创作的那部分摄影人，有时也用相机的标准，但大多数时候都在尝试改变相机的"标准"设置，努力想使自己的作品与他人的不一样，实现自己的意图。

怎么改变？其实就是利用曝光的宽容度来改变画面的亮度。什么是宽容度？通俗说，就是允许"犯错误"的程度。一般的单反宽容度都在 ±2-3 级的范围内。用正补增加曝光量，可以使图像显得更亮，用负补减少曝光量，可以使图像显得更暗。如 5D Mark II 的曝光补偿可以在 ±2 级间以 1/3 级为单位来进行调节。我拍风光喜欢负补 0.3 级，拍人像一般正补 0.3 级，这是个人拍摄习惯，也要视拍摄现场和创作意图来定。

设置曝光补偿的操作步骤

将模式转盘设为 P 或 TV、AV 档，其他的模式调整不了。然后半按快门按钮并查看显示屏幕或取景器里的曝光量指示标尺。

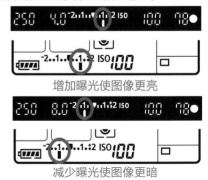

增加曝光使图像更亮

减少曝光使图像更暗

将电源开关置于拐弯标记处，在注视取景器或液晶显示屏的同时，转动速控转盘来设置曝光补偿量（要在保持半按快门按钮的同时或在半按快门按钮后 4 秒以内，转动速控转盘，才能操作）。拍摄完成后，一定记住要取消曝光补偿，避免下次误用，曝光补偿的恢复，摄影圈里叫归零。

当相机的拍摄设置为默认状态时，曝光补偿是零，就是没有补偿。

自动包围曝光的含义？

AEB 是表示自动包围曝光的符号。

包围曝光指的是，除了按照设定的曝光拍摄 1 张之外，还会加减各一档拍摄两张照片，确保有 1 张是恰当的曝光，摄影圈里对包围曝光也称括弧式曝光。

自动包围曝光模式的原理是指，在某些情况下，可能很难选择适当的曝光量，并且也没有时间在每次拍照后检查结果及调整设定，这时自动包围曝光可以用逐渐改变曝光量的形式自动更改这些设定，从而"包围"所选的曝光量，可以较好地解决这个问题。

自动包围曝光是指由相机内在处理芯片，根据取景器中整体环境的光线等客观条件，自动进行曝光指数的调整，也就是说，相机通过自动更改快门速度或光圈值，用连续拍摄 3 张图像的方法进行曝光，这称为自动包围曝光。

用逐渐改变曝光量的形式进行连拍？其做法是先按测光值曝光 1 张，然后在其基础上增加和减少曝光量各曝光 1 张，若仍无把握，可多变化曝光量多拍几张，可按级差为 1/3 级、0.5 级、1 级等来调节曝光量，每张照片的曝光量均不相同，这样就能从一系列的照片中挑选出一张令人满意的。

我们可以得出这样的结论，包围曝光是一种通过对同一被摄体，拍摄曝光量不同的多张照片"包围"在一起，以获得正确曝光照片的方法。"自动"是指照相机会自动对被摄物体拍摄连续拍摄 3 张曝光量在 0.3 到 2 级之间的照片（每张照片曝光量不同）。当你不确定曝光是否正确时，可以使用自动包围曝光功能，保证曝光的准确度，从而提高照片质素。

自动包围曝光的操作步骤

在菜单里选择［曝光补偿 /AEB］，然后按下 SET 确认键；

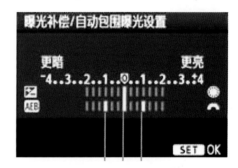

转动相机后面的速控拨盘，设置自动包围曝光量，然后按下 SET 确认键；

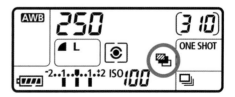

当退出菜单时，会在液晶显示屏上显示自动包围曝光的符号和自动包围曝光量。

可以拍摄照片啦。轻点快门对焦并完全按下快门按钮拍摄，3 张包围曝光的照片将以下列顺序进行拍摄：标准曝光量、减少曝光量和增加曝光量。如果驱动模式设为单张，则必须按 3 次快门按钮。当设定了连续拍摄并且持续地完全按下快门按钮时，将会连续拍摄 3 张照片，然后相机将停止拍摄。

注意：自动包围曝光不能使用闪光灯或 B 门曝光。

在相机默认状态下，自动包围曝光是处在取消状态的。

闪光曝光补偿的含义？

闪光曝光补偿，与普通的曝光补偿相同，可以按自己的曝光意图来设置，一般规律是，光线较暗时，可以正补，光线较亮时，为了避免曝光过度，可以负补。为闪光灯设置闪光曝光补偿也是以 ±2 级间以 1/3 级为单位调节的。5D Mark II 相机没有机顶闪光灯，该功能是指外接闪光灯的。

外接闪光灯控制的含义？

ST-E2　ST-E3-RT　270EX II　320EX　430EX II　600EX-RT　微距环形闪光灯　微距双头闪光灯
　　　　　　　　　　　　　　　　　　　　　　　MR-14EX　　MT-24EX

当安装了可用相机设定的佳能 EX 系列闪光灯（例如 580EX II，430EX II 和 270EX）时，您可以用相机的菜单屏幕设定闪光灯的闪光功能设置和自定义功能。有关闪光灯功能的详细说明，请参阅闪光灯的使用说明书。

外接闪光灯控制的具体操作步骤：

第一步，将闪光灯安装在相机上并打开闪光灯（不打开闪光灯菜单不出现）；

第二步，在菜单里选择［外接闪光灯控制］，出现下拉菜单，然后按下 SET 确认键；

第三步，转动速控转盘选择［闪光灯功能设置］，出现下拉菜单，然后按下 SET 确认键；

第四步，转动速控转盘选择闪光灯功能并根据需要进行设定。设置步骤与设置菜单功能相同。在屏幕上，根据当前的闪光模式、闪光自定义功能设置等的不同，可设定项目和显示项目会有所不同。如 E-TTL 功能、前帘同步、闪光包围、闪光曝光补偿等。

注意：想清除设置可以按 INFO 按钮，设置将恢复为默认值。对于初学者来说，外接闪光灯很少使用，这里就不累述了。

小链接：E-TTL II什么意思？

TTL 是通过镜头测光而自动闪光的意思。在 TTL 前加个 E 的含义是什么？E-TTL 是 Evaluative TTL 的缩写，是佳能新型闪灯如 580EX，430EX 的曝光模式之一。在 E-TTL 模式状态，半按快门钮时，该模式就以现场自然光测光后固定光圈与快门值，直到完全按下快门后（没记错是 0.002 秒，EOS30/430EX）的一瞬间，反光镜尚未翻起，闪灯会发出预闪（1/32 强度，580EX）用以测量画面整体的光线状态，（利用机身的分区测光感应体），评估因素包括逆光，顺光，对焦点所占画面的位置，预闪反射光的强度，画面中的异常反射物体（如金属，白色物）等，并与之前的自然光测光情形做评估演算来得到最佳的输出量，并将此输出量记忆，然后反光镜翻起，快门开启开始曝光，闪灯并依之前记忆的输出量来发光。

在 E-TTL 后面加上 II 是第二代的意思，是前一代的改进型号。

小链接
前帘同步与后帘同步的含义?

同步? 就是在快门帘幕打开的瞬间闪光灯闪光。

用闪光灯拍摄时在前帘打开瞬间,闪光灯闪光并照射被摄体,然后后帘关闭完成曝光,称之为前帘同步。后帘同步时,前帘打开后闪光灯不闪光,而在后帘关闭前一瞬间闪光灯才闪光并完成曝光。

前帘同步和后帘同步是慢速同步的两个形式。慢速同步是指在拍摄夜景中的人物肖像时既用闪光灯保证人物的正确曝光,又用慢速快门保证背景夜色的正确曝光。而闪光灯的闪光方式又分为前帘和后帘,因为我们所用的相机是焦平面快门,由前帘和后帘两部分构成。平常,快门帘的动作是在按动快门瞬间前帘移动,打开快门,影像传感器曝光,然后后帘移动遮光完成曝光。

用低速快门在傍晚、夜间或室内拍摄动体时,如果用前帘同步,当闪光灯闪光后,由于被摄体还在移动,所以会在曝光位置前方留下被摄体移动的虚影;但如果用后帘同步拍摄,虽然仍然会拍下被摄体移动的虚影,不过闪光灯是在后帘关闭之前才闪光,所以能把被摄体拍得很清楚。例如在结婚典礼上用后帘同步拍摄新婚夫妇及有手持蜡烛的人行进的场面,画面上新婚夫妇拍得很清楚,而在新婚夫妇后面留有蜡烛的光迹,画面充满罗曼蒂克的情调。这两种方式的区别对于拍摄静物来说没有什么区别,主要是在拍摄运动物体(比如开着车灯的汽车)的时候效果还是很不一样的。两者还有一个区别,就是如果被摄主体是正面人像的话,前帘同步下,由于闪光灯是先闪的,人被闪光灯闪了一下后,往往会做出一些反应动作,

如闭眼、眨眼等,这些也会在稍后的快门时间里被记录下来;而后帘同步,由于闪光是在快门即将关闭的瞬间,即使有眨眼等动作,这时快门也已经关闭了,不会被拍下来。

前帘闪光同步,是先闪光,如果画面有活动的景物和人群,就会把刚才拍清楚的影像给覆盖住,主要用在光线较暗的时候拍清楚主体。

后帘同步,用在想表达运动的物体上。过程基本是这样:后帘同步开启时,快门开启,拉出一串运动的影像,最后闪光灯开启,将主体定格,最后的影像很清楚,前面有一串影子,特殊效果用于表现运动。

后帘同步时,如果有若干活动的物体会在画面上留下不同颜色和不同光线、不同明暗的痕迹,有了这些运动的影像,最后在关闭快门的那一瞬间一闪光,最后闪光的那个固定影像就不会被前边的那些流动的影像所覆盖,有了这么一个好看的背景,这种闪光模式是不是更精彩了?

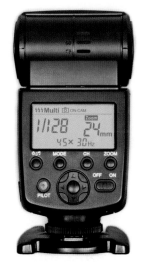

佳能600EX闪光灯的操作界面

画质	◢L
ISO感光度	自动
照片风格	标准
色彩空间	sRGB
白平衡	AWB（自动）
白平衡矫正	已取消
白平衡包围	已取消
周边光量校正	启动/保留校正数据
文件编号	连续编号
版权信息	信息被保留
自动清洁感应器	启动
除尘数据	已删除

这是相机"图像记录设置"
的默认状态表

画质的含义？

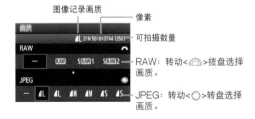

在菜单的第一大选项里的第一个选择就是"画质"，画质顾名思义就是画面质量，有两大类选择，一类是 JPEG 格式有压缩记录画质，有 6 种设置可以选择；另一类是 RAW 格式无压缩记录画质，有 3 种设置可以选择。

一般记录性拍摄和初学者可以选择 JPEG 格式，我建议在 6 种像素量设置里，选择"优/最大"。这样选择的弊端是会影响存储卡的存储张数和连拍速度，有利的是文件量大对后期剪裁和画面质量有好处。现在存储卡的容量都很大而且价格较便宜，存储应该不是问题，影响连拍速度的问题，初学者也很少用连拍啊。

进行摄影创作时，我建议你选择 RAW 格式，在 3 种 RAW 像素量设置里，选择"RAW"。用随机提供的软件 DPP 处理 RAW 图像，所有的偏色都会轻易的解决，可以得到高质量的照片！

设置时有两种选择

一是，直接选择 RAW 格式，这是对后期处理较熟练的摄影人的很好的选择。这样选择的弊端是在很多低版本的处理软件里打不开，看不见图像，只能用 DPP 来看和处理。

二是，选择 RAW+JPEG 的方式设置。对于后期处理不熟练的摄影人，这种设置在所有处理软件里都能看见 JPEG 文件，感觉有处理价值，再进入 DPP 进行精确调整，两者兼顾，尤其是初学者还没有涉及到后期处理的，把 RAW 留着等学习到一定阶段再进行调整处理。

8G 卡设置为 RAW 可以存储 285 张；8G 卡设置为 RAW+JPEG 优/最大，可以存储 224 张，对存储卡的容量影响不大。

强烈建议你买两个 8G 以上的存储卡，这样在一个工作日里，不会因为存储卡而影响拍摄。记得刚用数码相机时，存储卡是 64MB、128MB 的，买数码伴侣导片，后来背着笔记本电脑，现在，一个 16G 或 32G 的存储卡，都搞定了。

在上面的图像记录设置的默认状态表里，默认状态是"JPEG 优/最大"。

画质的设置步骤

第一步，打开菜单。

按下相机后面的 MENU（菜单）按钮，出现菜单画面，用方向键选择第一个选项，然后用速控转盘选择"画质"，按下 SET 确认键，出现下拉菜单画面；

第二步，选择图像记录画质。

●要选择 RAW 设置，转动相机顶部快门后面的拨盘。

●要选择 JPEG 设置，转动相机后面的速控转盘。

●选择完成后按下 SET 确认键设置所选画质。

设置举例：我想设置成"RAW+JPEG 优／最大"怎么操作？

打开菜单，用拨盘先选择 RAW，然后用速控转盘选择 JPEG 里的"优／最大"，按 SET 确认，就完成了。

可以检验一下，方法是，拍摄一张照片，在回放画面里的左下角，会显示"RAW+ 优／最大"图标。

小链接：什么是DPP？

DPP 是随机提供的处理 RAW 格式软件的缩写，是 RAW 图像专业处理软件，它的全称是 Digital Photo Professional。DPP 可以对所拍图像进行色彩、反差、锐度、裁剪、亮度、白平衡等进行细微调整，可在同一画面比较原图像和编辑后图像，可简单、流畅地确认焦点等拍摄情况，让您彻底追求终极处理的自我风格。对拍摄后的图像进行后期制作，是使用数码相机时可享受的乐趣之一。

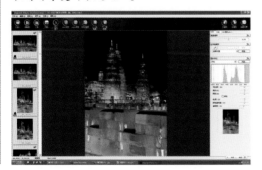

小链接：什么是RAW？

RAW 的原意就是"未经加工"的意思。可以理解为：RAW 图像就是 CMOS 图像感应器将捕捉到的光源信号转化为数字信号的原始数据。

RAW 文件是一种记录了数码相机传感器的原始信息，同时记录了由相机拍摄所产生的一些原数据如 ISO 的设置、快门速度、光圈值、白平衡等的文件。

RAW 是未经处理、也未经压缩的格式，可以把 RAW 概念化为"原始图像编码数据"或更形象的称为"数字底片"。

RAW 格式的优点：RAW 格式的优点就是拥有 JPEG 图像无法相比的大量拍摄信息。正因为信息量庞大，所以 RAW 图像在用电脑进行成像处理时可适当进行曝光补偿，还可调整白平衡，并能在成像处理时任意更改照片风格、锐度、对比度等参数，所以那些在拍摄时难以判断的设置，均可在拍摄后通过电脑屏幕进行细微调整。

而且这些后期处理，全都是无损失并且过程可逆，也就是说我们今天处理完一个 RAW 文件，只要还是保存成 RAW 格式，那么以后我们还能把照片还原成原始的状态。这一特性是 JPG 处理时所不能比拟的，因为 JPG 文件每保存一次，质量就会下降一些。

ISO感光度的含义?

ISO

感光度是指图像感应器对光的敏感度,感光度是可以调整的,是控制画面质量的手段之一。一般把感光度分成四个层面:

● 低感光度指 ISO50~100,追求画质时的基本设置。

● 中感光度指 ISO200~800,正常操作时的常用设置。

● 高感光度为 ISO1 600-3 200,配合拍摄意图的灵活设置。

● 超高感光度为 6 400 以上,牺牲画质换取画面,是"有,总比没有好"的思维结果,是没有办法的办法,是强迫设置。

现在佳能的单反相机的感光度一般最高都可以达到ISO3 200或以上,如 EOS 60D 的常用 ISO 感光度范围是ISO100-6 400,如使用 ISO 感光度扩展功能,可将选择范围扩展至 ISO 12 800。像 5D Mark II 已经达到ISO50-6 400,也可以选择扩展,EOS-1D X 也实现了 ISO0100-51 200 的常用感光度范围,超高感光度更是可扩展到ISO204 800。

感光度对摄影的影响表现在两方面

一是速度,更高的感光度能获得更快的快门速度,我来举个例子,如感光度 100 的情况下,快门速度是 1/60 秒,把感光度提高到 200,快门速度就变成 1/125 秒,再提高到 400,快门速度就是 1/250 秒,依此类推,这一点比较容易理解。拍摄时经常用这个方法来提高快门速度,因为有时拍摄环境很暗,快门速度太慢手端不住,容易把照片拍虚了。

二是画质,越低的感光度会带来更细腻的成像质量,而高感光度的画质则是噪点比较大。

说到这里顺便导入一个概念——噪点,主要是指 CMOS 将光线作为接收信号接收并输出的过程中所产生的影像中的粗糙部分。那么噪点是怎么产生的呢?首先要明白对于作为电子产品的数码相机来说,内部的影像传感器在工作中一定受到不同程度的来周边电路和本身像素间的光电磁干扰,简而言之就是拍摄出的图片一定会存在噪点,这是不可避免的,我们看到的只是程度的轻重而已。

ISO 感光度在拍摄时,有对矛盾,就是高感光度,就会有噪点,感光度低,快门速度就慢,选择时注意解决这个矛盾。

给出几个解决的方法

感光度低画质好,为了追求画质,就用低感光度,如 ISO50 或 100,可速度太慢怎么办?用三脚架稳定相机,也可开大光圈。

拍摄运动着的被摄体,速度太慢,容易拍摄失败,增加感光度把速度提高是个方法,可牺牲的是画质,要提高画质怎么办?一是,在低感光度的情况下用闪光灯拍摄;二是,用大光圈,因为光圈开大里,光线就接受的多,速度相对就会高;三是,可以选择较亮的拍摄环境,如果上面这些做不到,就只有牺牲画质来换取画面了。

其实,也不用太担心感光度对画质的影响,一般单反相机在 ISO0800 或以下,出现的噪点,用肉眼是看不见的。除非你把作品放的很大,一般 20 寸以内看不出来。

上面的"图像记录设置"的默认状态表里,默认状态是"自动"。成熟的摄影者一般不用"自动",因为自动是随机的,感光度会随着光线改变,摄影者不好控制,一般都选择 ISO100 或 200 来保证画质。

根据环境光照水平和拍摄意图设置 ISO 感

光度的操作我再简述一下：首先，找到感光度按钮并按下，然后，注视液晶显示屏或取景器的同时，转动机顶上的拨盘，可在ISO100—6 400的范围内以 1/3 级为单位进行选择。当选择"A"时，ISO 感光度将被设定为自动。出现 L 是50 感光度，出现 H1 是 12 800，出现 H2 是 25 600感光度。

注意，操作时如果有较大的改动，拍摄完了要及时还原，一般还原到ISO100。

照片风格的含义？

照片风格图标

风格是识别和把握不同摄影家作品之间的区别的标志。是一个时代、一个流派或一个人的艺术作品在思想内容和艺术形式方面所显示出的格调和气派。因为作品是艺术家创作出来的，由于他们个人出身、生活经历、文化教养、思想感情的不同，又因为创作时主题形成的特殊性和表现方法的习惯性，因而不同的作品便形成不同的风格。

在胶片时代，我们通过选择不同的胶片和暗房技术来得到不同的影像效果，从而形成自己独特的风格。进入数码时代，各式各样的图像处理软件逐步取代了传统暗房技术，要达到相应的效果只要调整一下照片风格就可以实现。

现在的数码单反相机上大多提供了风格设定，佳能的"照片风格（Picture Style）"可以通过图像处理引擎实现不同的照片表现效果。从中规中矩的"标准"，到保留全部细节便于后期处理的"中性"，再到高对比度的"风光"等，各种风格设定一应俱全。摄影者可以通过"照片风格"来获得理想的画面效果，就像当年我们选择不同特性的胶卷那样。

可以根据被摄体和自己的拍摄意图，选择相应拍摄效果的"照片风格"功能有 6 种

标准：是佳能数码单反相机的默认照片风格，对锐度进行了调整，锐度为 3，其余的没动，适应性强，图像显得鲜艳、清晰、明快。这是一种适用于大多数场景的通用照片风格，可以安心的在各种环境下使用此风格。

人像：这一照片风格对亮度和曝光平衡做出了调整，锐度为 2，反差为 3，可以让被拍摄者的皮肤显得更为光滑红透，较低的锐度，也使"人像"照片风格的作品更加柔和。特写拍摄妇女或小孩时非常有效。还可以通过更改"色调"，来调整肤色。

风光：这一照片风格下拍摄的照片色彩和对比度会更强一些，锐度为 4，照片色调更加鲜明。其中对蓝色和绿色的表现尤为突出。

中性：照片风格如其名字所言，中规中矩，低色彩饱和度与对比度使得更多的细节保留下来，锐度为 0，反差 -1，饱和度 -2，色调 -1，更加方便后期创作发挥的余地，该照片风格适于偏爱用计算机处理图像的用户。在 5 200K 的色温下拍摄主体时，相机根据主体颜色调节色度，图像会显得阴暗并柔和。

可靠设置：照片风格可以精确地再现所见的场景，通过对原始色温的把握和设定，无论是色彩还是细节，都不会错过，锐度为 0。

单色：锐度为 3，照片风格在剥离了所有的颜色后，光影明暗便成为了摄影师的画笔，同时还可以通过加载的几种单色滤镜来进行更好的创作。

在每一种风格的下拉菜单里，都可进一步对锐度、反差、颜色饱和度、色调等内容进行调整。通过照片风格选择键，即可在拍摄时直接显示菜单画面。另外，还可预先根据自己的偏好自定义照片风格。关于自定义，建议初学者先放一放，当操作熟练后，再研究它。

除了机身中的 6 种基本照片风格之外，佳能官方网站还提供了 5 种照片风格，那就是"怀旧"、"清晰"、"黎明和黄昏"、"翠绿"、"秋天色调"加起来有 11 种。这些丰富多彩的照片风格可以通过 EOS Utility 导入到相机的 3 种自定义风格中。这样，相机上一共有 11 种照片风格，应付日常拍摄已经足够了。

灵活运用照片风格模式，发现它们的不同特点，享受拍摄的乐趣吧。

照片风格操作步骤

第一步，找到相机后面的照片风格按钮。

当相机处于拍摄状态时，按下照片风格按钮，将会出现照片风格屏幕。

第二步，选择一种照片风格。

转动快门后面的拨盘或使用速控转盘选择一种照片风格，然后按下 SET 确认键。

第三步，拍摄检验效果。

色彩空间的含义？

色彩空间指可再现的色彩范围。佳能的单反相机都可以将拍摄图像的色彩空间设为 sRGB 或 Adobe RGB。从这两个里要选择一个，可再现的色彩范围叫色彩空间，设定色彩再现的空间范围很重要。

对于普通拍摄，推荐使用 sRGB。

色彩空间为 Adobe RGB，主要用于商业印刷和其他工业用途。如果不熟悉图像处理，在计算机的显示环境中图像是 sRGB 的，你如果选择 Adobe RGB 计算机上呈现的色彩饱和度较低，因此需要用软件对图像进行后期处理。

色彩空间选择时的操作步骤

第一步，按下菜单按钮（MENU），找到"色彩空间"，按下 SET 确认键。

第二步，在出现的下拉菜单中，选择 sRGB 或 Adobe RGB，然后按下 SET 确认键。

建议：喜欢 RAW 的，应该选择 Adobe RGB。

上面的"图像记录设置"的默认状态表里，默认状态是"sRGB"。

白平衡的含义？

WB

白平衡的识别符号是 WB，你在你的相机上找到了吗？不同型号的位置不一样。

什么是白平衡？说明书上只有一句话"可以使白色区域呈现白色"，你看懂了吗？相信大多数初学者没搞明白，我来解释，白平衡顾名思义就是白色的平衡，其功用是要让数字相机在任何光线条件下都能拍出正确的白色，或者说数码相机"不管在任何光源下，都能将白色物体还原为白色"，平衡就是无论环境光线如何，让数码相机默认"白色"，就是让他能认出白色，而平衡其他颜色在有色光线下的色调。颜色实质上就是对光线的解释，在正常光线下看起来是白颜色的东西在较暗的光线下看起来可能就不是白色，还有荧光灯下的"白"也是"非白"。对于这一切如果能调整白平衡，则在所得到的照片中就能正确地以"白"为基色来还原其他颜色。

那什么是白色？通俗的理解白色是不含有色彩成份的亮度。从色彩学的角度来说，白色是指反射到人眼中的光线，由于蓝、绿、红三种色光比例相同，且具有一定的亮度，所形成的视觉反应。

"对人眼来说，无论在何种光源下白色物体均呈白色。"人类的眼睛之所以把一些物体看成白色的是因为人的大脑可以侦测并且更正像这样的色彩改变，因此不论在阳光、阴霾的天气、室内或荧光下，人们所看到的白色物体颜色依旧。人眼可以进行自我适应，但是数码相机就不具有这么智能的功能了，这是由于 CMOS 感光元件本身没有这种适应功能，为了接近人的视觉标准，数码相机就必须模仿人类大脑并根据光线来调整色彩，也就是需要自动或手动调整白平衡来达到令人满意的色彩，数码相机的白平衡感测器可以自动的感知周围环境，从而调整色彩的平衡，这一对数码相机输出的信号进行一定修正的过程就叫做白平衡的调整。

白平衡是控制照片色调的功能。掌握白平衡的调节，就可以拍摄出真实的色彩画面。目前市场上出售的所有数码单反相机都具有了自动调整白平衡功能，使用起来比较方便。同时还具有手动白平衡调整，而且一般还都预置很多模式，例如阴天、晴天、荧光灯等，可以根据使用环境来进行调整，相对来说更精确一些。由于不同的光照条件的光谱特性不同，拍出的照片常常会偏色，例如，在日光灯下会偏蓝、在白炽灯下会偏黄等。为了消除或减轻这种色偏，数码相机可根据不同的光线条件调节色彩设置，以使照片颜色尽量不失真，使颜色还原正常。因为这种调节常常以白色为基准，故称白平衡。

白平衡调整是摄影的基本功，也是一个重要的创作手段。在清楚了原理之后，活学活用才会应用自如，在实践中不断摸索一定会有所收获。

在"图像记录设置"的默认状态表里，默认状态是"自动白平衡"。

白平衡调整的操作步骤

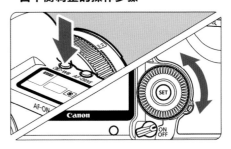

打开相机电源开关，对准拐弯标记，为什么要"对准拐弯标记"，只有这样速控转盘才可以工作。然后找到 WB 按钮（在 5D Mark II 里 WB 是和测光合用一个按钮，像 60D 调整白平衡是在菜单里，600D 没有速控转盘，WB 是在十字键的上部，1100D 的白平衡按钮也是在十字键里，只不过换了位置在下部），按下 WB 按钮，注视液晶显示屏的同时，转动速控转盘，选择自己需要的白平衡，按照上面白平衡的选择方法操作后，机顶显示屏会出现你选择的图标，下面说说图标的含义：

白平衡
AWB 自动
☀ 日光
⌂ 阴影
☁ 阴天
☀ 钨丝灯
〰 白色荧光灯
⚡ 闪光灯
⚲ 用户自定义

选择 AWB，就是自动白平衡，我一般就用这个选项。现在的数码相机的科技含量越来越先进，自动白平衡的准确率是非常高的，自动白平衡通常也为数码相机的默认设置。自动白平衡可以控制的色温范围是 3 000 – 7 000K。除了创作的特殊需要外，一般都可以选择自动白平衡，说句心里话，计算机算的比你准啊。

● 选择日光，在正常的白天的光线下可以手动选择该项，它对应的色温是 5 200K。

● 选择阴影，被摄体在阴影里时，一般选

择该项，它对应的色温是 7 000K。

●选择多云，当你拍摄时是阴天、黎明或黄昏，选择该项，它对应的色温是 6 000K。

●选择钨丝灯，在室内的钨丝灯下拍摄，选择该项，它的对应的色温是 3 200K。

●选择白色荧光灯，在室内的白色荧光灯下拍摄，选择该项，它的对应的色温是 4 000K。

●选择闪光灯，当被摄体较暗，选择使用闪光灯拍摄时，选择该项，色温是 6 000K。

●选择自定义图标，它对应的色温是 2 000 —10 000K。这个选择有点麻烦，就是得先给要拍摄的被摄体自定义。好处是使用自定义白平衡可以更准确地为特定光源手动设置白平衡。在实际要使用的光源下执行下列步骤，就可以自定义了。

自定义的具体操作步骤

第一步，拍摄一个白色物体。

点测光圆

选择平坦的白色物体如白纸或 18% 灰度卡，将拍摄模式选择 P 档，对焦模式选择手动，让白纸或 18% 灰度卡充满点测光圆，手动对焦后曝光，也就是拍摄一张照片。这时可以随意设置一个白平衡就可以。点测光圆多大？看图。

第二步，在菜单里找到自定义白平衡，按下 SET 确认键，将会显示自定义白平衡选择屏幕。然后转动速控转盘或机顶上的拨盘找到刚才拍的照片，按下确认键，在出现的对话屏幕里选择"确定"，按菜单键（MENU）退出，自定义完成。

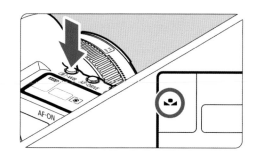

第三步，想使用刚才的自定义白平衡，只需按下 WB 键看着屏幕用速控转盘或 60D、600D 的十字键，找到自定义符号按下 SET 确认，就可以使用了。

选择色温

可以以开尔文数值设置白平衡的色温。该

功能适用于高级用户，因为可以在 2 500K 至 10 000K 的范围内以 100K 为单位设置色温，很精确啊，对色温要求高的拍摄时，如广告等时用。

色温选择的具体操作

在菜单选项里找到"白平衡"然后按下 SET 确认键，在出现的菜单里用速控转盘选择 K，转动拨盘设置色温，在 2 500K 至 10 000K 的范围内选择，然后按下 SET 确认键，就可以使用了。

这里涉及两个概念我来解释：

什么是开尔文数值和色温？

开尔文是个人名，他的全名叫洛德·开尔文，是 19 世纪末英国物理学家。他制定出了一整套色温计算法，用以计算光线颜色的成分。他创立的方法是基于以一黑体辐射器所发出来的波长为标准，得出的数据后人称"开尔文数值"。

摄影家经常提到"色温"的概念，色温究竟是指什么？我们知道，通常人眼所见到的光线，是由 7 种色光的光谱所组成。但其中有些光线偏蓝，有些则偏红，色温就是专门用来度量光线的颜色成分的。

再展开说一下，开尔文认为，假定某一纯黑物体，能够将落在其上的所有热量吸收，而没有损失，同时又能够将热量生成的能量全部以"光"的形式释放出来的话，它便会因受到热力的高低而变成不同的颜色。例如，当黑体受到的热力相当于 500—550 ℃时，就会变成暗红色，达到 1 050 — 1 150 ℃时，就变成黄色……因而，光源的颜色成分是与该黑体所受的热力温度相对应的。开尔文把色温是用 K，这个开尔文数值来表示色温单位，而不是用摄氏温度单位。再通俗一下，举个例子，打铁过程中，黑色的铁在炉温中逐渐变成红色，这便是黑体理论的最好例子。当黑体受到的热力使它能够放出光谱中的全部可见光波时，它就变成白色，通常我们所用灯泡内的钨丝就相当于这个黑体。色温计算法就是根据以上原理，用 K 来表示受热钨丝所放射出光线的色温。根据这一原理，任何光线的色温是相当于上述黑体散发出同样颜色时所受到的"温度"。

对于摄影来说，颜色实际上是一种心理物理上的作用，所有颜色印象的产生，是由于时断时续的光谱在眼睛上的反应，所以色温只是用来表示颜色的视觉印象。

胶片时代，彩色胶片的设计，就是根据能够真实地记录出某一特定色温的光源照明来进行的，分为 5 500K 的日光型、3 400K 强灯光型和 3 200K 钨丝灯型多种。因此，当时摄影家必须懂得采用与光源色温相同的彩色胶卷，才会得到准确的颜色再现。如果光源的色温与胶卷的色温互相不平衡，就要靠滤光镜来提升或降低光源的色温，很麻烦的同时也需要一定的经验积累。

现在有了数码相机的白平衡方便多了，可以说是一次革命，拍摄彩色照片不用再受有限的滤光镜制约，准确的色彩再现变得直观了、简单了。在数码时代学习摄影，真好！

白平衡矫正的含义？

当你对自己设置的白平衡拍摄出的效果不满意，你可以利用这个功能矫正已设置的白平衡。这种调节与使用市面有售的色温转换滤镜或色彩补偿滤镜效果相同。该项适用于熟悉使用色温转换滤镜或色彩补偿滤镜的高级用户，一般初学者用不到。

白平衡矫正功能可以在蓝色至琥珀色或者洋红色至绿色之间，在正负 9 级的范围内进行色彩的精细调整，使色彩的表现更加真实自然，或者根据创作意图去故意偏色，而追求某种效果。

白平衡矫正的操作，初学者一般不常用，这里就不累述了，需要时查看说明书吧。

白平衡包围的含义？

在屏幕上出现 WB-BKT 符号，是表示白平衡处于自动包围曝光状态。

只需进行一次拍摄，就是按一次快门，就可以同时得到 3 张不同色调的图像。在当前白平衡设置的色温基础上，图像将进行蓝色 / 琥珀色偏移或洋红色 / 绿色偏移包围曝光。向那种色彩漂移，看你的设定，这称为白平衡包围曝光（WB-BKT）。白平衡包围曝光可以设为 ±3 级，以整级为单位调节。另外，白平衡图标将在液晶显示屏上闪烁。您也可以设置白平衡矫正和自动包围曝光，与白平衡包围曝光组合使用。如果设置自动包围曝光与白平衡包围曝光组合使用，则一次拍摄将记录 9 张图像。由于每次拍摄将记录 3 张图像，因此拍摄后写入存储卡的时间会很长。

白平衡包围的操作，初学者一般个常用，这里就不累述了，需要时查看说明书吧。

周边光量校正的含义？

由于镜头特性的原因，图像的四角可能会显得较暗。这称为镜头周边光量的减少或降低。该现象可以被校正。对于 JPEG 图像，会在拍摄图像时校正镜头的光量减少。对于 RAW 图像，可以使用 DPPr 随机软件进行校正。对于这个功能我的看法是这样，没必要。尤其是风光照片的拍摄，我大多数情况下，还有意识在后期压暗照片的四边来突出主体，在 RAW 里可以简单的处理，当然，把图像四角较暗的现象调亮简单，向相反方向调，压暗也很简单。

初学者一般不常用，这里就不累述了，需要时查看说明书吧。

上面的"图像记录设置"的默认状态表里，默认状态是"启动／保留校正数据"，我认为没有什么必要，搞不好还会在图像周边出现噪点，我选择关闭。

文件编号的含义？

文件编号还是选择"连续"的好。这样做的好处是你从文件夹的编号和文件编号上就能知道你的相机到底按过多少次快门。

文件编号类似于在一卷胶卷上编号。拍摄的图像会获得一个从 0001 至 9 999 的连续文件编号，并存入一个文件夹中。当然，您也可以更改指定文件编号的方法。文件编号将以这种格式出现在计算机上：IMG_0001.JPG。即使更换了存储卡或创建了新文件夹，文件会继续按次序编号直至 9 999。应养成一个好习惯，就

是每次使用新格式化的存储卡。

当连续文件编号满 9 999 后会重新从 0001 开始。

C 派所有的数码单反机都可以自由创建和选择保存拍摄图像用的文件夹。该项为可选功能，因为相机会自动创建保存拍摄图像用的文件夹。

对于 JPEG 和 RAW 图像，文件名将以"IMG_"开始。短片文件名将以"MVI_"开始。JPEG 图像的扩展名将为".JPG"，RAW 图像的扩展名将为".CR2"，短片的扩展名将为".MOV"。

给初学者的建议：尽量不要自己新建文件夹，图像分类可以在计算机里进行。因为有时候我们在选择作品时候，不同的文件夹里的文件放在一起时会出现作品重号现象，一不注意作品有被替换掉的危险！

版权信息的含义？

一般的单反相机购买回来，都未设置版权信息。版权信息在菜单的"清除设置"选项里，按下 INFO. 按钮就会显示版权信息，如果未设置版权信息，将在屏幕上以灰色显示并无法使用。设置版权信息需要使用随机软件 EOS Utility 来设置，设置后的版权信息将被添加到图像的 Exif 信息中。

Exif 是什么？EXIF（Exchangeable image file format）是可交换图像文件的缩写，是专门为数码相机的照片设定的，可以记录数码照片的属性信息和拍摄数据。如快门速度、光圈值、相机型号、日期和时间、感光度、测光方式、镜头实体焦长等 40 多种信息与数据。可以通过图象浏览工具来查看，如 ACDSee 等应用软件。

自动清洁感应器的含义？

由于数码单反相机可更换镜头，结构上导致图像感应器易于附着灰尘。所以应正确进行清洁，以保证拍摄效果。

无论何时将电源开关打开或关闭，感应器自清洁单元都会自动运行以抖落感应器前层的灰尘。通常，您无需注意此操作。

一般单反相机的图像感应器表层的低通滤镜上都装有感应器自清洁单元，用于自动抖落灰尘。当听到反光镜的动作声音时表示清洁完成。

要获得最好的清洁效果，在清洁感应器时将相机放在桌子或其他平面上清洁效果会更理想。

清洁感应器也无法去除灰尘时，可以在菜单里选择"手动清洁感应器"，具体操作：一是，在菜单里找到"清洁感应器"，按下 SET 确认，出现清洁感应器菜单有三个选项，用速控转盘选择手动清洁感应器，按下 SET 确认，出现下拉菜单，选择"确定"按下 SET 确认，听到反光镜升起的声音，取下镜头，机身向下，用气吹吹除灰尘。注意清洁完成后，安装好镜头，关闭电源，反光镜将复位。

如果采用手动方式仍无法清除掉灰尘的话，就不要再尝试自行解决，最好是拿到佳能服务中心寻求帮助，由专业人员来处理。图像感应器表面材质非常娇嫩，不要用棉签等进行盲目清洁。

上面的"图像记录设置"的默认状态表里，默认状态是"启动"，只要开关机都会自动清洁感应器。

除尘数据的含义？

感应器自清洁单元通常会清除所拍摄图像上可见的大部分灰尘。但如果仍有可见灰尘，您可以将除尘数据添加至图像，随后清除尘点。

获取除尘数据是个很麻烦的操作，使用几率不大，不累述，需要时看说明书吧。

上面的"图像记录设置"的默认状态表里，默认状态是"已删除"。因为除尘数据获取以后，会被添加到随后拍摄的所有 JPEG 和 RAW 图像上。因此有些摄影人，发现相机有灰尘时，在进行重要的拍摄活动之前，都通过重新获取来更新除尘数据。

实时显示/短片拍摄设置

实时显示功能设置	关闭
网格线显示	关
静音拍摄	模式1
测光定时器	16秒
自动对焦模式	快速模式
短片记录尺寸	1920x1080
录音	自动

实时显示功能设置的含义？

什么是实时显示？使用液晶监视器进行静止图像拍摄，也就是说可以在相机的液晶监视器上观看图像的同时进行拍摄，这称为"实时显示拍摄"。

想用实时显示拍摄图像，需要事先在相机里设置。

操作步骤：打开菜单找到"实时显示 / 短片功能设置"，然后，按下 SET 确认，在下拉菜单里选择"实时显示功能设置"，按下 SET

确认，在下拉菜单里选择"仅限于静止图像"，按下 SET 确认，还会出现菜单，从里面选择"静止图像显示"按下 SET 确认，最后，按下相机后面的"实时显示"按钮，听见机身里反光板弹起的声音，同时屏幕里出现要拍摄的画面，按快门拍摄照片。

实时显示拍摄最好用三脚架稳定相机。

想用实时显示拍摄短片，设置方法同上，只不过在下拉菜单里设置短片就可以里，其它设置方法一样。按 SET 键录制短片。

不想实时显示拍摄时，按一下相机后面的"实时显示"按钮，就进入正常拍摄状态。

相机的默认状态该功能是"关闭"。也就是说实时显示在默认状态下不能使用。

网格线显示的含义？

在实时显示功能设置功能里，有该功能，正常拍摄没有。可以选择关闭、网格线 1、网格线 2，是帮助构图用的。相机的默认状态是"关闭"。

静音拍摄的含义？

有两个模式可以选择：

模式 1：快门不是没有声音，是快门的声音很小，拍摄操作的噪音会小于利用取景器的通常拍摄的噪音。将驱动模式设定为连拍时，您可以进行约 3 张 / 秒连续拍摄。

模式 2：完全按下快门按钮时，将只拍摄一张照片。在按住快门按钮期间，相机操作将被中断。然后只有在返回半按快门按钮位置时，才会恢复相机操作，也就是说，曝光早已经完成，你只要不抬手指快门就不响。因此拍摄噪音被减为最小。防止快门声干扰是目的，有利于偷拍。

测光定时器的含义？

测光定时器是指测光后锁定的时间。

测光定时器是设置测光值的保留时间，半按快门测光，相机会给一个光圈快门组合，放开手指后在一段时间内这个组合值不会消失。也就是说可以更改显示曝光设置的时间长度，是指自动曝光锁的时间。换句话说，就是用相机后面的 * 字键，就是自动曝光锁啊，改变要维持的自动曝光锁的时间长度，时间的长短可以是 4 秒、16 秒、30 秒、1 分钟、10 分钟和 30 分钟，您可以根据需要选择。

自动对焦模式的含义？

自动对焦模式
· AFQuick：快速模式
· AFLive：实时模式
· AF ☺：实时面部优先模式

在实时显示拍摄下的自动对焦模式有三种：快速模式、实时模式、实时面部优先模式。

●快速模式：使用专用自动对焦感应器在单次自动对焦模式下对焦时，自动对焦方法与取景器拍摄时相同。尽管可以对目标区域快速对焦，但在自动对焦操作期间，实时显示图像将被暂时中断。

●实时模式：尽管在显示实时显示图像时自动对焦有效，但自动对焦操作将比快速模式需要更长时间。此外，可能比快速模式更难以合焦。

●实时面部优先模式：按照与实时模式相同的自动对焦方法，检测面部并对焦。请让拍摄主体 面对相机。一般是在有人的画面里使用该模式。

相机的默认状态是" 快速模式 "，这也是实时显示拍摄常用的对焦模式。

短片记录尺寸的含义?

拍摄短片时可以选择短片的图像大小和帧频,也就是每秒拍多少个画面。

有两种选择:

一是,1 920×1 080 全高清晰度记录画质;16GB 存储卡可以拍摄 49 分钟。

二是,640×480 标准清晰度记录画质。16GB 存储卡可以拍摄 1 小时 39 分钟。

录音的含义?

通常,内置麦克风录制单声道声音。外购外接麦克风可以通过立体声微型插头录制立体声声音。内置麦克风会录制相机操作杂音,如果使用市售的外接麦克风,您可以防止或减少记录这些杂音。

录音音量可以自动调节,也可以手动调节。

相机设置

自动关闭电源	1分
提示音	开
未装卡释放快门	开
图像确认时间	2秒
高光警告	关闭
显示自动对焦点	关闭
柱状图	亮度
用 ◯ 进行图像跳转	10张
自动旋转	开 ◻ 💻
液晶屏的亮度	自动:标准
日期/时间	没有变化
语言	没有变化
视频制式	没有变化
相机用户设置	没有变化
我的菜单设置	没有变化

相机设置里包含 17 项,都是相机拍摄前的基本设置。在搞清楚原理的前提下,可以按照自己的想法和操作习惯来设置。

自动关闭电源的含义?

为节约电池电能,相机在约 1 分钟不操作后将自动关闭电源。要重新开启相机,只需半按快门按钮就可以继续操作。可以更改在一段时间没有进行任何操作后,相机自动关闭电源的时间。如果不希望相机自动关机,将此选项设为"关"。

自动关闭电源有 7 个选择:1 分钟、2 分钟、4 分钟、8 分钟、15 分钟、30 分钟和关闭。相机的默认状态是 1 分钟,一般不用调整。

提示音的含义?

提示音也叫蜂鸣音,声音很小,可对于摄影如来说,这是最美妙的音乐,听见提示音就意味着焦点已经对好,不用用眼睛去找焦点,也不用去看虚实,听见提示音就可以把快门按到底拍摄了。提示音大大加快了拍摄的节奏,耳朵的加入给眼睛减轻不少负担。

相机的默认设置是"开"。

未装卡释放快门的含义?

未装存储卡也可以释放快门,这个功能是相机设计者的好心,可对于摄影人,要小心了,快门可以按到底,也听见提示音了,画面在屏幕里也看到了,可回放就是没有!强烈建议把这个功能关掉,这样可以防止忘记安装存储卡。如果没有安装存储卡,肩屏显示器上的光圈数值的位置,就会有一个不停闪烁的 CF 字母在提醒你。

未装卡释放快门相机的默认设置是"开",关掉!

图像确认时间的含义？

该功能可以设置，拍摄后立即在液晶监视器上，显示图像的时间长度。

要保持图像显示，请设置"持续显示"。

不希望显示图像，则设置"关"。

还有 2 秒、4 秒、8 秒显示的选择。初学者可以选择"持续显示"，为了省电可以选择2 秒，相机的默认状态是显示"2 秒"，还是显示一下好，有利于确认图像。我是摄影教师，领学生实习时，我一般都设置为"持续显示"，方便学生观看，这样就不用频繁回放啊。

高光警告的含义？

准确曝光的图像，从高光到暗部的亮度会显得很自然，最亮部分会呈现白色，而最暗部分会呈现黑色。如果亮度超过了某一水平，过度曝光，那些高光区域会丢失细节而呈现死白，为了防止过曝光，相机有一个功能叫高光警告，在菜单里设置高光警告"开"，如果画面的高光部分过曝光，白色区域会闪烁，提醒你高光区域曝光过了。怎么解决？最简单的方法就是用曝光补偿向负方向调整，然后再次拍摄。

相机的默认设置是"关闭"，正确，初学者不用担心是显示屏坏了。

显示自动对焦点的含义？

在菜单里将显示自动对焦点设为"启动"时，使用单点自动对焦时，合焦的自动对焦点将会以红色显示，合焦就是焦点对实了。如果使用自动选择自动对焦点，则合焦的多个自动对焦点可能显示为红色。这个功能非常好，帮助你确认焦点啊。我在回放的时候喜欢看看是不是把对焦放在了应该对焦的地方，所以觉得打开很有用。如果有人讨厌这个红点，那就将其关闭了吧。

相机设置里选择的是"关闭"，你应该把它打开，在菜单里选择"启动"就可以了。

柱状图的含义？

柱状图两种：一种是，图像亮度柱状图，表示曝光量分布情况和总体亮度。另一种是，RGB 柱状图显示，适用于检查色彩饱和度和渐变情况。在菜单里的"显示柱状图"可以切换显示。有人认为很科学，可以作为曝光和了解白平衡的参考，其实我更喜欢直接看照片本身，所以不怎么看柱状图，我的观点是用处不大，直接看画面就可以了。简单说说：

●亮度柱状图，顾名思义是显示图像亮度分布情况的图表。横轴表示亮度等级（左侧较暗，右侧较亮），纵轴表示每个亮度等级上的像素分布情况。左侧分布的像素越多，则图像越暗。右侧分布的像素越多，则图像越亮。如果左侧像素过多，则图像的暗部细节可能丢失。如果右侧像素过多，则图像的高光细节可能丢失。中间的渐变会得到再现。通过查看图像和其亮度柱状图，可以了解曝光量倾向和整体的色调再现情况。

●[RGB] 柱状图显示，此柱状图是显示图像中各三原色（RGB 或红、绿和蓝）的亮度等级分布情况的图表。横轴表示色彩的亮度等级（左侧较暗，右侧较亮），纵轴表示每个色彩亮度等级上的像素分布情况。左侧分布的像素越多，则色彩越暗淡。右侧分布的像素越多，则色彩越明亮浓郁。如果左侧像素过多，则相应的色彩信息可能不足。如果右侧像素过多，则色彩会过于饱和而没有细节。通过查看图像的 RGB 柱状图，可以了解色彩的饱和度和渐变情况以及白平衡偏移情况。

相机设置里选择的是"亮度"，我选择"关闭"。

用拨盘进行图像跳转的含义？

这是快速搜索图像的方法之一。照片拍摄完毕，总想看看，也要给同伴显摆一下，可是图像很多，用拨盘进行图像跳转，可以快速找到需要的。相机的设计者在这方面下了很大功夫，如使用一屏显示 4 张或 9 张图像的索引显示快速搜索图像，在单张图像显示、索引显示和放大显示期间，还可以通过转动速控拨盘跳转图像。其实，这些设置用处不大。在查看图像的功能里，我认为"放大查看"是个很好的功能，可以在液晶监视器上将图像放大 1.5 倍至 10 倍。可以观看细节和焦点情况，拍的结实与否一目了然，而且，更让认惊喜的是在放大显示期间，可以通过转动速控转盘或拨盘以相同放大倍率和位置观看另一张图像，对于连拍图像的查看、比较、去留方便极了。

相机的默认设置是用拨盘进行图像跳转"10 张"，我感觉没必要，单张看最好。

自动旋转的含义？

有些照片是竖拍的，看起来不方便，旋转一下，符合观看习惯。我在多年的使用中感觉还是不旋转的好，因为屏幕本来就小，旋转后竖拍的照片仅利用了屏幕的一部分，不利于观看细节。

自动旋转有两种选择：
● 竖拍的画面在屏幕和计算机上自动旋转
● 竖拍的画面仅在计算机上自动旋转

我选择"仅在计算机上自动旋转"，这样在后期处理上，不用一张张去调整，一起都自动旋转了，而在屏幕上还是原始状态观看。

相机默认设置的是"在屏幕和计算机上自动旋转"，改不改，按照自己的习惯设置吧。

液晶屏的亮度含义？

在液晶屏上观看作品是数码摄影的乐趣之一，现在的屏幕都很大，看起来就是一个爽。屏幕的亮度是可以调节的，有两种方法，一是，自动调节，有三个等级。二是，手动调节，有七个等级。调节方法也很简单，按下 MENU 菜单按钮，在菜单里找到"液晶屏的亮度"选项，按下 SET 键确认，在出现下拉菜单里转动拨盘选择自动或手动，然后，看着灰度图的同时转动速控拨盘调节，最后按 SET 键确认，完成。

相机默认设置是"自动：标准"，我也选择这个功能，尤其是 5D Mark Ⅱ 在相机开关的左侧有个外部光线感应器，自动将液晶监视器调节为最佳观看亮度。注意，观看时不要遮挡啊。

日期/时间的含义？

检查相机的日期和时间是否正确设置。需要时，请设置正确的日期和时间。设置正确的日期 / 时间是很重要的，因为它将记录到每张拍摄的图像上。

具体操作很简单看看说明书吧。

语言的含义？

佳能单反相机有 24 种界面语言的选择，我选择中文，简体中文。

选择方法：

第一步，打开菜单找到"语言"，按 SET 键确认。

第二步，在出现的菜单里用速控转盘或拨盘选择一种语言，按 SET 键确认。

刚买的相机，这是必须做的设置之一。

视频制式的含义?

视频制式其实就是指电视制式。你有两种选择：一是选择 NTSC，这个制式用于电视制式为 NTSC 的地区（北美、日本、韩国、墨西哥等）。二是选择 PAL，这个制式用于电视制式为 PAL 的地区（欧洲、俄罗斯、中国、澳大利亚等）。

相机用户设置的含义?

每个人都有自己的拍摄习惯，在调整设置自己的相机时，感觉有很多得意的设置组合，希望下次拍摄时还用这些组合，相机把这些组合称做用户设置。想把这些组合保存到一个地方，下次使用方便啊。相机的模式盘里有 C1、C2、C3 模式，这些模式就像仓库，你可以把这些组合在相机用户设置里面注册到 C1 或 C2、C3 的模式里保存，想使用时，启动相机，直拨转到对应的模式下，就可以打开之前注册的组合来使用了，减去重新组合的麻烦，也避免记忆的差错。

注册相机用户设置的方法

第一步，调整好一个组合。如夜间摄影的组合，拍摄之后，感觉很好想保存，希望下次再用，这时就可以尝试注册这个组合。

第二步，按下菜单按钮，找到"相机用户设置"，按下 SET 确认键，出现下拉菜单，选择"注册"按 SET 键确认。

第三步，在出现的下拉菜单里选择注册位置，如可以选择"模式拨盘：C1"，出现确认对话框，选择确定，按下 SET 键，完成。

当前的相机的设置组合就被注册到模式转盘的 C1 里了。下次想用这个组合，把相机的模式转盘拨到 C1 就可以用这个组合拍摄了。

我的菜单设置的含义?

当你买了机器之后，打开这个选项时里面只有一行字：我的菜单设置。

"我的菜单设置"这个选项的方便之处在于，你可以根据你的需要程度把常用的菜单选项放到这里，以后不用再到各列菜单的选项中一项一项地查找了。还可以给选择的各项排个顺序。

在菜单列里选择"我的菜单设置"，按下确认键，下拉菜单里有 5 个选项，选择注册，按下确认键，你发现里面的内容和前面的各列菜单一样，你只要把自己常用的选项，选择注册就可以了。比如说，我现在用 5D Mark II，目前的设定是根据我的拍摄习惯，我选择了 5 项，顺序是：①格式化；②曝光补偿 /AEB；③电池信息；④白平衡偏移 / 包围；⑤ISO 感光度扩展。

反正这些选项是根据你的需要自由设定的，以后可以随时更改。

《柔声倾诉》 摄影 何晓彦

操作密码：中午时拍成这样？曝光补偿 -1、增加反差和饱和度、点测亮区。

Chapter five

第五章

按钮与图标的含义及基本操作

操作数码相机都操作什么？其实，就是那几个拨盘和按钮，操作很简单，

难的是要知道按钮的含义和熟练的快速操作。

按钮的含义和操作步骤很多摄影人记不住，

我把常用的汇拢到一起，便于学习和查找。

在多次练习后，慢慢记住这些按钮的含义，在拍摄时好用上这些功能。

图标是选择功能时的快速识别符号，

一看见就知道是干什么的，是摄影人的基本功。

按钮与图标的含义及基本操作

操作数码相机都操作什么？其实，就是那几个拨盘和按钮，操作很简单，难的是要知道按钮的含义和熟练地快速操作。

按钮的含义和操作步骤很多摄影人记不住，我把常用的汇拢到一起，便于学习和查找。

在多次练习后，慢慢记住这些按钮的含义，在拍摄时好用上这些功能，也为后面讲解拍摄作品的操作步骤时做好铺垫。如，当我讲到用"多功能方向键"手动选择"自动对焦点"时，就不用再讲解什么是"多功能方向键"了。

再说一句，下面这些拨盘、按钮要反复练习，做到快速熟练，并且要记住含义，这是操作的基础，也是将来创作的起点。你对这些按钮的含义理解的越深刻，对创作作品的反作用力越大。

举个例子：在拍摄现场，想改变作品原来的色彩，怎么操作？操作什么能达到目的？

●可以选择"照片风格"，来强调某种色彩，因为你知道不同的照片风格色彩不一样，而且可以调整色彩的饱和度

●可以选择"白平衡"，来改变作品色彩，反其道而行之，如把夕阳拍红，把白雪拍蓝等

●可以选择"白平衡矫正"，来有意识地让作品偏向某种色彩

●可以选择"白平衡包围"，在"偏向某种色彩"自己拿不准时，多拍出点色彩来，选择自己满意的效果，其余的可以删掉，这是优选法啊

●可以选择"曝光补偿"，来减少或增加曝光量，使作品的色彩不饱和

●可以选择"单色"，把作品变成黑白或利用相机里的滤镜，制造"怀旧"等某种色彩

《太阳湖之夏》摄影 何晓彦

操作密码：在菜单里选择"单色"、曝光补偿+1、感光度200、A档F8、手持拍摄。在照片风格的选项里选择单色，后期稍加调整，画面别有一番味道，单色的选择要注意画面的感觉，最好选择反差大点的场景，春天稀疏的树枝也适合用单色来表现。

问：电源开关的操作？

<ON> ：相机开启。
<OFF> ：相机关闭，操作停止。不使用
相机时，请将电源开关置于此
位置。

答：打开相机的电源是基本操作，带 " 速
控转盘 " 的相机，操作时要注意开关的位置。

<OFF> ：相机关闭，操作停止。不使用
相机时，请将电源开关置于此
位置。
<ON> ：相机开启。
♪⁾ ：相机和<○>都能操作

速控转盘与速控开关图标

操作速控转盘时，一定要把开关调到速控
开关上。

问：速控转盘怎么操作？

答：有两种操作方式：

一是，按下一个按钮后，再转动速控转盘
的操作方式。

在这种操作方式下，使用该转盘可选择或
设置白平衡、驱动模式、闪光曝光补偿、自动
对焦点等。

二是，不碰其它按钮，仅转动速控转盘的
操作方式

注视取景器或液晶显示屏的同时，转动速控
转盘设定所需的设置。使用该转盘可设置曝光补
偿量、手动曝光的光圈设置、选择自动对焦点等。

在 " 自定义 " 里，可以给 " 速控转盘 " 重
新安排工作，那是后话，留给提高时再说吧。

问：快门按钮的操作注意什么？

答：快门按钮有两级。操作时先半按快门，
这时相机将启动自动对焦和自动曝光，并同时设
置好快门速度和光圈，机顶显示屏和取景器里将
出现曝光设置等显示，然后再将快门完全按到底，
在释放快门的同时拍摄照片。

为什么要半按快门？激活相机啊，也给相机
一点时间来测光、对焦啊。半按快门是个好习惯，
有利于抓取瞬间和稳定相机。

半按快门还有一个方便操作的功能，就是即
使相机正在显示菜单或回放图像和记录图像，半
按快门按钮也可以立即回到拍摄状态。

《欢迎你，访客》摄影 何晓彦

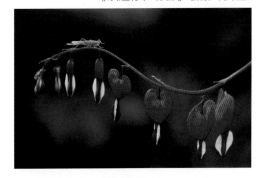

操作密码：用焦距200端、A档F3.5，感
光度400，白平衡自动。运气也是实力的一部
分！阳光下，你的到来，使我颤抖，脸都变了
颜色，快门轻轻地半按，锁住这精彩一刻，镜
头睁大了眼睛，于是，远处模糊了，当快门按
到底，一声激动的叹息，偶遇变成了永恒。

问：主播盘怎么操作？

答：所有的佳能单反都有这个拨盘，大部分的操作都和它有联系，很多功能的实现都是使用主拨盘进行选择的结果。

有两种操作方式：

一是，按下一个按钮后，转动主拨盘

按下一个按钮时，其功能保持 6 秒有效。可以在这段时间里转动主拨盘来调整和设定所需的设定。此功能关闭后或半按快门按钮后，相机将进入拍摄状态。使用该拨盘可选择或设置测光模式、自动对焦模式、ISO 感光度、自动对焦点等。不同机型选择的范围也不太一样，如 1D Mark IV 相机，没有机顶模式盘，选择拍摄模式也用它。

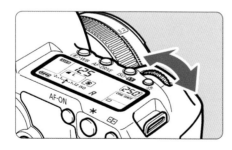

二是，仅转动主拨盘

注视取景器或液晶显示屏的同时，转动主拨盘设定所需的设置，使用该拨盘可设置快门速度、光圈等。

问：多功能方向键怎么操作？

答：由具有 8 个方向的键和一个中央按钮构成。使用该控制钮可选择自动对焦点、矫正白平衡、移动自动对焦点或在实时显示拍摄期间放大图框、在放大显示期间滚动回放图像、操作速控屏幕等，当然，还可以用该控制钮选择或设定菜单选项。

佳能单反里的多功能方向键表现形式不一样，这是 5D Mark II 的，50D、7D 也是这种样式，60D 就把它和速控转盘组合在一起，500D 和 600D 干脆就把它变成十字键了。当然，不管怎么变，它的性能是一样的，只不过操作的方法变了一下而已。

操作最多的设置键

俗称确认键，就是在菜单里每操作一步后，都要按一下它，来确认上面的操作，或出现下拉菜单，继续操作，最后还是按下它结束。

相机默认的时间保持键

这是相机为了省电而设置的功能，表示相应功能在松开按钮后保持的有效时间。5D Mark II 和 7D、60D、600D 有 4 秒、6 秒、10 秒、16 秒的选择，有的机型也不太一样，如 1D Mark IV 就 6 秒和 16 秒两档。这些时间是相机程序设置时默认的，你更改不了。如设置感光度就是默认 6 秒，垂直按下多功能键，速控菜单的默认是 10 秒。有些初学者容易把"图像确认时间"和它搞混，这里提醒一下，是两码事。

菜单键的操作

MENU

摄影学习的越深入，菜单键使用的越频繁，经常是主播盘、速控转盘和 SET 确认键一起操作。

佳能单反的菜单基本有两个操作类型

1. 按下<MENU>按钮显示菜单。
2. 按下<◀▶>键选择设置页，然后按下<▲▼>键选择所需项目。
3. 按下<SET>显示设置。
4. 设置项目后，按下<SET>。

这是600D的菜单操作示意图

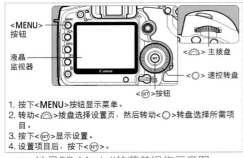

1. 按下<MENU>按钮显示菜单。
2. 转动<主拨盘>拨盘选择设置页，然后转动<速控转盘>转盘选择所需项目。
3. 按下<SET>显示设置。
4. 设置项目后，按下<SET>。

这是5D Mark II的菜单操作示意图

在不同的模式设置下菜单的显示数量不一样。全自动模式只显示 6 种，因为其他的也不让你设置啊。在高级拍摄模式下才都显示。

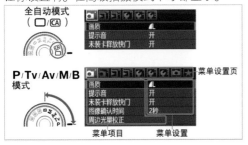

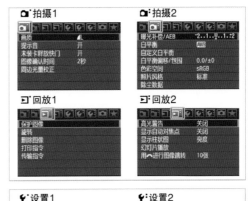

这是5D Mark II的全部菜单

举个简单操作菜单的例子：

第一步，打开电源开关，要是带速控转盘的相机，拨到速控开关上，把模式盘拧到全自动档上；

第二步，按下菜单按钮（MENU），在出现的菜单的 6 个选项里选择第一个大选项，设置"画质"。具体操作：用速控转盘选择"画质"，按下 SET 确认键，在出现的菜单里用速控转盘选择 JPEG 里最大的，就是一个三角加一个 L 的，按下确认键，就回到前面的菜单了，你看见"画质"选项后面出现你的选择了，轻点快门，菜单消失，画质就设置完了；

第三步，再用相同的方法设置"提示音"，选择"开"，轻点快门就能听见蜂鸣音了，听见蜂鸣音就表示焦点对实了，可以拍照了。剩下就是构图和选择瞬间的事了。

如果是新买的存储卡，需要格式化一下。具体操作我再重复一下，加深你的印象，按下菜单按钮（MENU），用主拨盘或多功能按钮，选择菜单大项里的第四个选项，然后用速控转盘选择"格式化"，按下确认键，在出现的菜单里，用速控转盘选择"确定"，按下 SET 确认键，存储卡就"格式化"完了。

注意，在格式化前一定按回放按钮看看，卡里有没有重要的图像，不要误删了。

《姚明的脚伤》摄影 李继强

操作密码：晚上比赛，上午中国队适应场地，姚明在场边处理脚伤，我绕过去远远的用长焦拍了一张，就被领队发现了，跑过来告诉我："这样的片子不能发啊"，队医也如临大敌忙用身体挡住。现在姚明退役了，我在写该书找照片时发现了，一段难得的记忆。数据是 P 档，F5.6，速度是 1/125，感光度是 ISO800，70-200红圈镜头。

问：驱动模式选择按钮怎么操作？

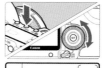

答：根据拍摄的需要，在选项里选择一个，一般的选择规律是：

● 拍静止的画面选择"单拍"

● 被摄体在运动着，选择"低速连拍"

● 被摄体高速运动，选择"高速连拍"

● 用三脚架拍摄，想把自己拍进画面，选择10秒自拍，留出时间你好跑到位啊

● 用三脚架拍摄，想提高画质，选择2秒自拍。

具体操作：有很多方法可以实现，简单的方法就是，按下"AF-DRINE"，转动速控转盘，看着机顶屏幕，选择就可以了。

再介绍一种方法：垂直按下"多功能按钮"，出现"速控菜单"，用"多功能按钮"选择"驱动模式"，按下确认键，然后在出现的下拉菜单里，用速控转盘选择具体的选项，如"单拍"，按下确认键，完成。

问：感光度设置按钮怎么操作？

答：按下 ISO 按钮，用拨盘调整。

数码相机的感光度是指图像感应器对光线的敏感程度。过去我们用胶片相机时，胶片就是图像感应器，对光线的敏感程度是在胶片出厂时就规定好了的，就一个感光度。现在的数码相机在这方面给摄影人带来极大的方便，感光度可以调整，拿 5D Mark II 来说，可以从 100－6 400 感光度，可以根据环境光照水平和自己的拍摄意图来设置 ISO 感光度，这个功能真好啊，很多需要用闪光灯的现场，提高感光度就搞定了，减少了闪光的不自然，强化了现场感。

感光度设置的一般规律是，感光度越低，画质越好。现在的数码单反一般都有感光度扩展功能，如 5D Mark II 就可以扩展到 L，相当 50 感光度，也可以扩展到 H1 的 12 800 和 H2 的 25 600 感光度。

现在的数码单反，在感光度上的表现越来越好，我用高感光度拍冰灯，手持拍摄，为了提高快门速度用到 6 400 感光度，片子也很不错，省了拿三脚架的麻烦，在冰天雪地里少遭多少罪啊，甚至在较亮的冰灯前，还缩小光圈控制景深呢。低温的拍摄条件下，不容易出现噪点，也是我大胆试验的理由之一。

在不同的拍摄条件下，感光度的设置可以是这样：天气晴朗的室外，可以用 L 或 100-200 感光度；多云的天空、傍晚的余晖，可以用 400-800 感光度；黑暗的室内或夜间可以选择 1 600-6 400，H1，甚至 H2。

感光度操作小经验

一是，如果高光色调优先开启，是无法设置 L，H1，H2 的，想扩展感光度就要关闭它。

二是，通过试验拍摄，ISO 感光度越高，闪光灯有效范围越大。我们可以利用这个特点，在闪光摄影时控制照射范围。

三是，说明书上说："使用高 ISO 感光度或在高温条件下拍摄，可能会使图像有更多的颗粒感。"我在零下 29 度的拍摄环境里，裸露相机 20 分钟，然后用 3 200 和 6 400 感光度拍摄冰灯成功，就是利用这个原理。思维转个弯，可以这样试试，在高温下，用高感光度拍摄，不是有颗粒吗，颗粒能达到多大，粗颗粒也是效果呀。

四是，说明书上说："长时间曝光还可能导致图像出现异常色彩。"多长时间？异常色彩什么样？怎样把时间缩短？或再长点时间，异常色彩会变成什么样？

五是，感光度越高，对光线的需求越少，这个原理可以利用啊，尤其是初学者，手持相机拍摄的稳定能力稍弱，在弱暗的光线下，用增加感光度来提高快门速度是初学者的福音。

《初春的感觉》摄影 李继强

操作密码：冰雪消融，万物复苏，远处传来悠悠的钟声。回来在计算机里放大了看，有点不结实，舍不得删除，用滤镜处理了一下，有点油画的感觉吗？说句悄悄话，很多拍虚的片子，在后期可以狠狠地锐化，再用滤镜处理一下，反正PhotoShop就是破坏软件，可以挽救很多作品，那都是时间、精力甚至金钱换来的，删除可惜了啊。

问：环境太暗，看不见显示屏怎么办？

答：按下液晶显示屏照明按钮。操作方法很简单，每次按下该按钮，液晶显示屏照明将开启或关闭，一般保持6秒。B门曝光时，完全按下快门按钮会关闭液晶显示屏照明。

问：逆光下可以用闪光灯补光吗？

答：按下闪光灯弹出按钮就可以了。有机顶闪光灯的机型，想用闪光灯补光时，可以按下该按钮，强制闪光灯弹起。按下该按钮还可以在菜单里设置闪光灯的曝光方式，如后帘、慢速、防红眼等。

问：自动对焦模式选择按钮？

答：按下AF按钮，用拨盘调整。也可以在速控屏幕里用多功能键选定，然后用速控转盘调整。

AF 我们知道佳能单反有三种自动对焦模式可以选择。选择适合拍摄条件或主体的自动对焦模式对拍摄的画面质量影响很大。

ONE SHOT：	单次自动对焦
AI FOCUS：	人工智能自动对焦
AI SERVO：	人工智能伺服自动对焦

三种对焦模式分别是单次自动对焦、人工智能自动对焦和人工智能伺服自动对焦。

一般的选择规律：

拍摄静止的被摄体，如建筑、花卉、风景等，选择单次自动对焦较适合。半按快门按钮时，相机会实现一次合焦。合焦时，合焦的自动对焦点将闪动红色，取景器中的合焦确认指示灯也将亮起。评价测光时，会在合焦的同时完成曝光设置。而且只要保持半按快门按钮，对焦将会锁定。然后可以根据需要重新构图。

拍摄运动的被摄体，如体育运动、汽车、飞鸟等，选择人工智能伺服自动对焦适合。该自动对焦模式适合对焦距离不断变化的运动主体。只要保持半按快门按钮，将会对主体进行持续对焦，而且曝光参数在照片拍摄瞬间就会同步设置完成。如果你是让相机自动选择自动对焦点时，相机首先使用中央对焦点进行对焦。在点测光圆内，有6个在人工智能伺服自动对焦模式下工作的看不见的辅助自动对焦点。因此，即使在自动对焦期间主体从中央自动对焦点移开，仍然可以继续对焦。此外，即使主体从中央自动对焦点移开，只要该主体被另一个自动对焦点覆盖，相机就会持续进行跟踪对焦。

如果你在操作时选择的是手动选择自动对焦点，那么，这个手动选择的自动对焦点，将在人工智能伺服自动对焦模式下跟踪对焦主体。

要注意的是，人工智能伺服自动对焦，即使合焦时也不会发出提示音。另外，取景器中的合焦确认指示灯也不会亮起。

一般都是在单次和伺服两种里选择一种，因为第三种的人工智能自动对焦，是可以自动切换的自动对焦模式。在单次自动对焦模式下对主体对焦后，如果主体开始移动，相机将检测移动并自动将自动对焦模式变更为人工智能伺服自动对焦。

《孤芳自赏》 摄影 李继强

操作密码：这是用单次自动对焦拍摄的作品。我喜欢她的颜色，还喜欢她的质感，更喜欢她沐浴的光线，暗背景的选择很聪明，清晰范围控制的很到位。我其实是反对只拍花头的，这是个例外，有时和自己唱反调也是孤芳自赏的表现啊。

问：自动对焦点选择/放大按钮怎么用?

答：相机后面的这个按钮身兼两职，一个是自动对焦点选择功能，另一个是放大按钮。放大按钮是图像回放时和实时显示拍摄时，放大图像、检验焦点和清晰度的。

自动对焦点怎么选择？有两种选择方法，一种是让相机自动选择 9 个自动对焦点之一来对焦；还有就是现在重点要说的手动选择自动对焦点。

手动选择您可以选择 9 个自动对焦点之一来对焦，这种选择适合那些被摄体不在画面中央的情况，用手动来移动对焦点，对焦在想对焦的位置上，也就是说，先构图，后对焦。这是精度调整焦点的方法，在拍摄静止被摄体如风光、建筑、花卉等时常用的对焦方法。

手动选择自动对焦点的具体操作

按下该按钮，自动对焦点将显示在取景器中和液晶显示屏上。

要手动选择某一个自动对焦点时，可使用多功能键或转动主拨盘或速控转盘来选择。

用多功能键选择时：自动对焦点选择将在多功能键倾斜的方向改变，如果径直按下多功能键，中央自动对焦点将被选择。

转动主拨盘或速控转盘来选择时：自动对焦点将在各自方向上有规律的循环改变。如果选择的过程中所有自动对焦点都亮了，相机将会自动设置为自动选择自动对焦点。

注意，按下该按钮，要在 6 秒钟内开始操作。

《浪漫情人岛》 摄影 何晓彦

操作密码：满洲里，情人岛雕塑。基座二层高10m，雕塑高30m，雕塑了一男一女相拥而坐的场景，表达永恒的爱情主题。比例是这张作品成功的关键要素，表现高大物体要选择熟悉的物体或人物来做比例是思考的方向之一。用5D Mark II，24-70mm广角端，A档F16，手动选择对焦点拍摄，那天运气好云彩帮忙。

问：自动曝光锁/闪光曝光锁/索引/缩小按钮怎么用？

答：这个按钮身兼四职，米字型符号是自动曝光锁和闪光曝光锁，自动曝光和闪光为什么还要锁啊？在一个画面里分布着各种亮度，测不同区域得到的曝光数据是不一样的，我们在操作时往往利用相机的这个功能来改变最终的画面的明暗效果，这个方法叫先测光后构图。还有，我们拍接片时，需要使用相同的曝光量拍摄多张照片时，也使用自动曝光锁。

具体操作：

面对一个要拍摄的画面，选择一个测光点（可以选择亮区，拍出的作品就是低调的，画面偏暗，如果选择暗区，拍出的作品就偏亮），半按快门按钮对焦，在对焦的同时测光也完成了，屏幕会显示曝光设置如光圈、速度等，这时按下自动曝光锁，将锁定当前自动曝光设置，而且取景器中的米型图标亮起，表示曝光设置已被锁定。然后，重新构图并拍摄照片，快门释放的是锁住的曝光量。

记住，每次按下米型符号按钮，都将锁定当前自动曝光设置。

如果希望保持自动曝光锁进行更多拍摄，如拍接片，保持按住米型按钮，并按下快门按钮继续拍摄就可以了。

闪光曝光锁不常用，在闪光摄影时，您可以使用此功能为主体的特定部分获取正确的闪光曝光。具体操作：将取景器中央覆盖主体，然后按下米型按钮拍摄照片就可以了。

索引：回放时可以同时看4幅、9幅画面。

缩小按钮：放大观看后，按该按钮缩小画面。

《快乐的花儿》 摄影 李继强

操作密码：疏密有致的树，黑色的剪影分外醒目，浪漫抛洒的小花儿，理想地分布着，暖暖的风摇曳着思想，用自动曝光锁，锁住一个期待中的满足。用5D Mark II，24-70mm镜头，A档F5.6，选择亮区测光，利用曝光锁得此作品。

摄影既要表述信息，又要传递美感，将两者融合一体，展现在一幅画面上，对于摄影人而言是能力。

问：焦点对准了相机显示什么？

答：请观察合焦确认指示灯

合焦时，合焦的自动对焦点将闪动红色，取景器中的合焦确认指示灯也将亮起，合焦时会发出提示音。评价测光时，会在合焦的同时完成曝光设置。如果无法合焦，取景器中的合焦确认指示灯将会闪烁。如果发生这种情况，快门按不下去，即使完全按下快门按钮也不能拍摄。解决的方法是，移动相机重新构图并再次尝试对焦。

问：回放按钮怎么操作？

答：该按钮是回放图像用的。具体操作：按下该按钮，将显示最后拍摄的图像或最后查看的图像。想从众多图像里选择一张，要从最后一张图像开始回放，请逆时针转动速控转盘。要从第一张拍摄的图像开始回放，请顺时针转动转盘。

问：想删除照片怎么操作？

答：使用删除按钮。

首先要回放图像，然后选择该按钮，按下后，出现对话框，在"取消"和"删除"里，用速控转盘选择"删除"，然后按下SET确认键，完成，图像就被删除了。对于初学者来说这个按钮可能是使用最多的了，拍摄、回放、分析、满意的保留，不满意的删除，摄影的进步就是在删除中成长过来的。

问：想看着屏幕拍照怎样设置？

答：可以按下实时显示拍摄按钮

《生命的形态》摄影 李继强

操作密码：在取景时，观察主体的形态很关键，同时注意到背景的状态是摄影成熟的表现，这张作品的调子很舒服，充分利用了暗背景来表现树木的质感，小小的蝴蝶也是一个趣味点，我慢慢悠悠的拍了能有10分钟，它就是不飞，快门响过，一下就不见了。

在使用该按钮前要事先在菜单里设置这个功能。如何设置请查说明书，需要6步操作才能完成，可以设置成拍摄静止照片和短片。设置完成后，在拍摄现场，只要按下该按钮，显示方式就从取景器切换到屏幕显示，就可以看着屏幕拍照了。

问：AF-ON按钮是什么功能？

答：自动对焦启动按钮

在P，TV，AV，M，B拍摄模式下，可以通过按下该按钮进行自动对焦，和半按快门效果一样。尤其在实时摄影时该按钮是非常方便的。

问：想了解拍摄信息怎么操作？

答：按下相机后面的INFO.按钮

INFO.按钮是拍摄信息显示按钮。在不回放照片的状态下，也可以当速控键用。

按下该按钮可以显示四种拍摄信息，顺序是，单张图像显示、单张图像显示＋图像记录画质、柱状图显示、拍摄信息显示，可以循环显示。

问：想快速查看速控屏幕怎么办？

答：有两个简单的方法：一是，Q键，二是，垂直按下多功能键。

这是佳能相机的速控按钮，按下该按钮会出现速控屏幕。

问：高光色调优先是什么意思？

答：在屏幕里出现这个符号的含义是高光色调优先的意思，说白了就是改变动态范围。该功能的优点是可以提高高光细节。动态范围从标准的 18% 灰度扩展到明亮的高光。而且，灰度和高光之间的渐变会更加平滑。缺点是阴影区域的噪点可能较平时稍多。

具体操作：在菜单的自定义功能设置里找到 C.Fn II -3，选择"启动"。

问：测光模式选择按钮的操作含义？

测光模式选择按钮

测光模式
- ⊡ 评价测光
- ⊡ 局部测光
- ⊡ 点测光
- ⊡ 中央重点平均测光

测光模式

答：具体操作：按下该按钮，相机后面显示速控菜单，在出现在速控屏幕里用多功能键选择测光图标，用 SET 确定，然后用速控手轮调整需要的功能图标，用 SET 确定，轻点快门就可以拍摄了。

所有的单反相机都有多种测光方式，可让拍摄者根据不同的拍摄意图来选择。佳能 EOS 数码单反相机的测光方式有 4 种。每种测光方式的测光范围和决定合适曝光参数的算法都不相同。

测光范围最广的是"评价测光"，覆盖整个画面，是对整个取景画面的各区域测光值进行综合运算得出的曝光值。而测光范围最小的是"点测光"，只占画面面积的 3%，它只针对取景器内很小的范围进行测光。此外，"局部测光"会以比点测光稍稍广的范围进行测光，一般仅测画面 9% 左右。适合在逆光、侧光的场景中使用，以保证对主要拍摄物的合理曝光。比如，拍摄逆光下的景物时，可以使用局部测光模式以保证其主体得到合理曝光。而"中央重点平均测光"则是以画面的中央部分的 30% 左右的区域为重点，同时针对整个画面进行测光。当需要表现的主体在取景范围中间部分，而环境明暗与主体有较大的差别时，选择中央重点平均测光，偏重对中央大部分区域测光，能使主体的曝光较为准确。

由于测光的范围不同，相机自动判断出的合适曝光参数会随着测光方式的改变产生差异。有些摄影作品的创作就是利用这种差异完成的。

《霞浦风光》摄影 李继强

操作密码：海边的天气多变，刚才还是阳光普照，当黑云翻滚着扑来时，用点测光测画面的亮处，作品因曝光不足形成低调，表现暴雨来临时的场景很合适。恶劣天气下出好片啊，别忙着收相机，耐心等待总有机会。

5D Mark II、100-400大白镜头、点测、白平衡自动、感光度400、手持拍摄。

问：自动包围曝光按钮的操作？

答：显示屏幕里出现该符号，表示相机处在包围拍摄状态。相机通过自动更改快门速度或光圈值，可以用包围曝光（±2 级范围内以 1/3 级为单位调节）连续拍摄 3 张图像。这称为自动包围曝光。AEB 表示自动包围曝光。一般曝光补偿与自动包围曝光联合使用。如果与自动包围曝光结合使用曝光补偿，将以曝光补偿量为中心，应用自动包围曝光。

具体操作步骤：

一是，在菜单的选项里，找到"曝光补偿 / AEB"然后按下 SET 确认键；

二是，设置自动包围曝光量。在出现的菜单里，转动拨盘设置自动包围曝光量。速控转盘设置曝光补偿量。菜单里有图标显示，然后按下 SET 确认键；

三是，可以拍摄照片了。对焦并完全按下快门按钮，相机连续拍摄 3 张不同曝光量的照片。这 3 张包围曝光的照片将以下列顺序进行拍摄：标准曝光量、减少曝光量和增加曝光量。

注意：驱动模式如果是单张，需要快门按钮按 3 次。最好设置到连拍，持续地完全按下快门按钮时，将会连续拍摄 3 张照片。

可以使用遥控自拍 2 秒来拍摄，也可以自拍 10 秒把自己拍进画面，自拍时间一到，3 张包围曝光的照片将会在 10 秒或 2 秒延时后拍摄。

自动包围曝光不能使用闪光灯或 B 门曝光。

关闭电源，自动包围曝光会被自动取消。

问：白平衡选择按钮的操作？

答：这是白平衡选择按钮的符号。白平衡可以在这些图标里选择，一般情况下选择"WB"自动白平衡，如果对自动白平衡不满意或想搞点创意，可以在选项里自己选择。

WB

白平衡
AWB 自动
☀ 日光
◰ 阴影
☁ 阴天
※ 钨丝灯
⠿ 白色荧光灯
⚡ 闪光灯
⊾ 用户自定义

选择时的具体操作方法：按下白平衡按钮，转动速控转盘选择就可以了。不同选项的含义可参看说明书。你也可以在菜单里选择白平衡。

问：辨认这些符号？

答：前面都说过了，自己找找看吧。

白平衡矫正符号

白平衡包围曝光符号

电池电量检查

照片风格选择按钮

B/W

单色拍摄的含义

光圈值/曝光补偿按钮

在 600D 的相机里两个功能合用一个按钮。

《虫 趣》 摄影 李继强

　　操作密码：在具备了相应拍摄能力后，拍什么，怎么拍，怎样让读者在你传递的摄影语言里产生共鸣，我认为是非常困难的一件事，同时也是一个永久的动力。面对孤独的蜘蛛，从中可以领略到悲哀、感伤、飘忽、空寂与凄清的复杂情绪。生命的一切都是一体两面，画面的构成就是不断地失望与希望。在呼吸大自然的味道的同时，感觉命运其实是很幽默的。

　　JPEG格式、像素量最大L、焦点对在趣味点上

　　小品通常是大自然景色中一个小的精彩的局部，讲究的是情趣和精致，让细节和味道滋润感觉。用长焦和大光圈控制画面的虚实，突出主体，同时要更多的加入拍摄者和欣赏者的主观因素。拍摄数据：5D Mark II，100-400mm镜头长焦端，F5.6，点测，手持拍摄。

第六章

Chapter six
菜单的操作及含义

该章详细讲解了菜单的基本操作，速控菜单的操作方法，
还把菜单里的九个大项里的内容逐条解释了一遍，
对初学者理解菜单的含义及操作时提供思考的依据。

菜单的基本操作

问：菜单键的含义？

答：这是菜单键的识别符号，EOS 单反都有这个键，菜单的操作都是按下这个按钮开始的。

操作菜单很简单，在按下菜单按钮后，就可以用多功能键或十字键选择设置页和选择所需项目。

问：十字键的用途？

答：按下菜单键时，十字键可以参与菜单操作。如果不是按下菜单键，十字键可以向四个方向分别选择常用功能，如 1100D 的，向上选择 ISO、向下选择白平衡、向左选择驱动模式、向右选择自动对焦。

问：多功能键的用途？

答：该键是控制按钮，由具有 8 个方向的键和一个中央按钮构成，可以灵活地向各个方向倾斜。使用该控制钮可选择自动对焦点、矫正白平衡、移动自动对焦点或在实时显示拍摄期间放大图框、在放大显示期间滚动回放图像、操作速控屏幕等。还可以用该控制钮选择或设定菜单选项。

问：SET键什么时候用？

答：无论是操作菜单，还是操作某功能，每完成一步设置都需按一下 SET 键，SET 是显示键，也是确认键。

问：不同型号相机的菜单操作好像都不一样？

答：佳能单反的不同型号相机的菜单操作基本一样，只不过按键的位置有所改变。

例 1. 1100D 的菜单操作示意图

1. 按下<MENU>按钮显示菜单。
2. 按下<◀▶>键选择设置页，然后按下<▲▼>键选择所需项目。
3. 按下<SET>显示设置。
4. 设置项目后，按下<SET>。

例 2. 600D 的菜单操作示意图

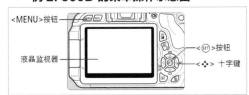

例 3. 60D 操作示意图

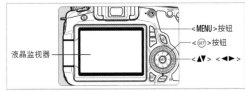

例 4. 7D 菜单操作示意图

7D 的菜单操作是另外一种操作类型，菜单键换了地方，十字键变成了"速控转盘"，主播盘也参与操作了。5D Mark II、5D Mark III、1D 系列基本都是这样的操作类型。

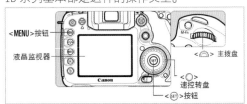

例 5. 5D Mark II 的菜单操作示意图

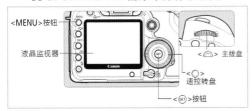

例 6. 5D Mark III 的菜单操作示意图

1. 按下<MENU>按钮显示菜单。
2. 每次按下<Q>按钮,主设置页将会切换。
3. 转动<🔘>拨盘选择第二设置页,然后转动<🔘>转盘选择所需项目。
4. 按下<SET>显示设置。
5. 转动<🔘>转盘设定所需项目,然后按下<SET>。

问：不同拍摄模式下的菜单显示？

答：在基本拍摄区、创意拍摄区和短片拍摄模式下,显示的设置页和菜单选项是不一样的。

例 1. 1100D 的菜单屏幕显示状态

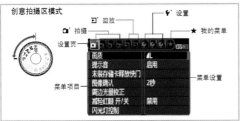

例 2. 5D Mark III 的菜单屏幕显示状态

P/Tv/Av/M/B 模式菜单屏幕

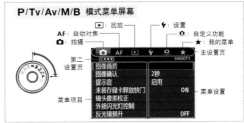

5D Mark III 把菜单设置页的图标改变了,变成更加直观的图形,我来说一下:

●第一个图标(红色)拍摄选项,从拍摄 1-拍摄 5;

●第二个图标(紫色)AF 自动对焦选项,从AF1-AF5;

●第三个图标(蓝色)回放选项,从回放1- 回放 3;

●第四个图标(黄色)设置选项,从设置1- 设置 4;

●第五个图标(橙色)自定义选项;

●第六个图标(绿色)我的菜单选项,注册常用菜单选项和自定义功能用。

问：菜单设置步骤？

答：用 5D Mark III 的菜单设置步骤,来具体操作示意。

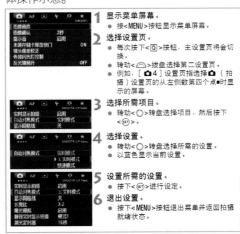

1 显示菜单屏幕。
● 按<MENU>按钮显示菜单屏幕。

2 选择设置页。
● 每次按下<Q>按钮,主设置页将会切换。
● 转动<🔘>拨盘选择第二设置页。
● 例如,[📷4]设置页指选择📷(拍摄)设置页的从左侧数第四个点■时显示的屏幕。

3 选择所需项目。
● 转动<🔘>转盘选择项目,然后按下<SET>。

4 选择设置。
● 转动<🔘>转盘选择所需的设置。
● 以蓝色显示当前设置。

5 设置所需的设置。
● 按下<SET>进行设定。

6 退出设置。
● 按下<MENU>按钮退出菜单并返回拍摄就绪状态。

速控菜单的操作

上面介绍的菜单操作是相机的基本菜单设置操作，我们在拍摄现场需要频繁操作的如光圈、速度、曝光补偿等功能，有更便捷的操作方法，那就是" 速控菜单 "的方法，我来介绍一下：

问：速控菜单的Q键怎么操作？

答：Q 键就相当于计算机里的快捷键，用起来非常方便，只要按一下该键，就会出现速控菜单。新出的 1DX、5D Mark III 的速控菜单就采用了 Q 键的方法。这个快捷键的方法也用在 7D、60D、550D、600D、1100D 相机上。

问：速控菜单键的其他表示方法

答：500D 的速控键是 "DISP."；1Ds Mark III 、1D Mark IV 、5D Mark II 的速控键是 "INFO."；也可以选择垂直按下多功能键的方式显示。

问：速控菜单的具体操作方法？

答：有四个步骤。

一是，按下速控菜单按钮（Q、DISP. 或 INFO.）屏幕显示速控菜单；

二是，操作多功能按钮或十字键选择功能，所选功能的名称显示在屏幕的下方；

三是，转动速控转盘或拨盘改变设置，改变的设置名称在屏幕下方显示；

四是，轻点快门，进入拍摄状态，快门按到底拍摄照片。

问：速控菜单的样式？

答：举例说明，这是 5D Mark II 的速控菜单。

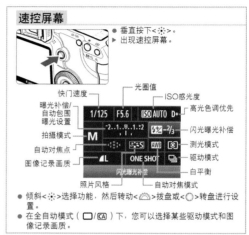

速控屏幕
- ● 垂直按下<⊹>。
- ▶ 出现速控屏幕。

快门速度　光圈值　ISO感光度
曝光补偿/自动包围曝光设置　高光色调优先
拍摄模式　闪光曝光补偿
自动对焦点　测光模式
图像记录画质　驱动模式
白平衡
照片风格　自动对焦模式

- ● 倾斜<⊹>选择功能，然后转动<⌒⌒>拨盘或<○>转盘进行设置。
- ● 在全自动模式（□/CA）下，您可以选择某些驱动模式和图像记录画质。

问：操作速控菜单的目的？

答：我们操作速控菜单的目的是了解相机目前的状态，如果与拍摄意图不符，可以马上改变。关键的是在了解了怎样操作的基础上，明白这些数字、符号的含义及在该位置还会出现什么变化，给选择以理由。

举例：如快门速度，现在看见的 1/125，含义是 125 分之一秒，你要判断这个速度的设置是否符合你的拍摄意图，是快了还是慢了，假如你在拍摄飞跑的宠物狗，1/125 秒的速度，肯定慢了，容易拍虚了。假如你想把流水拍成乳状的效果，一般需要 1/2 秒左右，现在这个速度肯定是太快了。怎么办？操作多功能按钮或十字键选择要改变的功能，被选择的功能会带一个边框，而且会改变色彩，所选功能的名称也会显示在屏幕的下方，这时你就可以根据意图改变速度的数值来满足拍摄需要，如果一次不满意，还可反复试验设置。

问：说说 5D Mark III 的速控菜单

答：好的，这是 5D Mark III 的速控菜单。

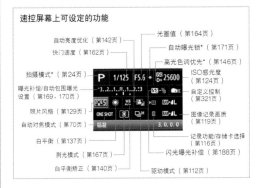

5D Mark III 是准专业级的，它的速控菜单里新增加了很多选项使操作和控制更方便。如自定义选项、双卡选择、自动亮度优化等，这些都需要理解，加深印象，在拍摄中加以利用。

佳能单反的性能、功能大同小异，了解一款就基本上都能操作了，增加部分看说明书就可以了，操作是简单的，理解该功能的含义及什么时候，什么情况下使用，是需要下功夫的，我把 5D Mark III 的速控屏幕的选项带页码标注了，可以查看学习。佳能单反的各种型号的说明书可以去"佳能官网"下载，都是免费的，有 PDF 格式的，在计算机上看很方便，当然，如果你有打印机可以放大打印，自己装订，老年人看起来很舒服。

《画意摄影》摄影 李继强

菜单内容的逐条解释

问：菜单里的内容很多，能详细说说吗？

答：可以。我选择以 5D Mark II 为解释样本来逐条解释。因为该机比较典型，可能不同型号的菜单有出入，参看说明书吧。

◖◗`拍摄1

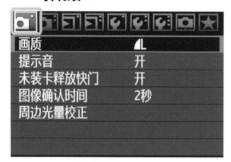

问：什么是画质？

答：拍摄画面的质量。现在相机的"画质"设置状态是"优，像素数最大"，这是常用选择。下面的图是按下菜单按钮后出现的具体选择菜单，现在选择的图像记录画质是"优，像素数最大"，文件量是 21M，像素的长边是 5 616 个像素，宽边是 3 744 个像素，在 2G 存储卡的容量里可以拍摄 250 张。当然，如果你的存储卡的容量大的话，如 8G 拍摄数量也会相应改变。再往下有两个选择，一个是 RAW，一个是 JPEG，现在菜单里显示你没有选择 RAW。因为一般初学者或仅仅记录性拍摄，都会选择这个选项，RAW 需要在后期逐张处理，很麻烦，尤其后期处理的水平一般，或对计算机不熟悉。你没有选择 RAW，相机就会自动选择 JPEG。

给初学者一个建议：

如果你的存储卡的容量较大的话，可以选择 RAW+JPEG 的选择方法来设置你的图像画质，相机会在同一文件夹中以相同文件编号保存两幅图像，同时存储的两张图像，JPEG 的文件扩展名为 .JPG，RAW 的文件扩展名为 .CR2。

一般用途就用 .JPG 的，需要高画质时，就在随机软件里选择 DPP 来处理 .CR2 的图像。

具体选择方法，选择 RAW 转动拨盘，选择 JPEG 转动速控转盘。

注意，越往后选择，像素越少，画质越差，最好选择第一个"优，像素数最大"，就是现在画面显示的状态。

问：说说具体操作？

答：按下菜单按钮，用多功能键选择"画质"，转动拨盘选择 RAW 及像素多少；转动速控转盘，JPEG 画质及文件量大小。选择完后都要按下 SET 键确认。

问：什么是提示音？

答：合焦的提示。提示音的含义就是焦点已经对好，可以拍摄的意思。你要选择打开。

听见提示音就可以把快门按到底拍摄，给拍摄动作带来快捷和方便。提示音是否打开，一般拍摄前要看一下机顶的显示屏幕，有提示音符号就是打开了，有的机型没有符号，可以听一下是否有声音。如果你要偷拍，还是关闭的好啊。

问：未装卡能释放快门吗？

答：能啊。还是关闭的好。如果真没装卡……呵呵。

问：图像确认时间能选择吗？

答：能。有 5 种选择，关 /2 秒 /4 秒 /8 秒 / 持续显示。相机默认 2 秒。初学者一般选择 4 秒或 8 秒，检验拍摄效果初学者是需要一定时间的。

问：周边光量校正选择不开启？

答：由于镜头特性的原因，图像的四角可能会显得较暗。这称为镜头周边光量的减少或降低。该现象是可以被校正的。这是针对镜头的设置，初学者先不要管他，当你学习到一定程度时，出于表现的需要，有时还特意压暗四边来强调主体呢，启动还是关闭？建议初学者一般选择关闭。尤其初学者使用的镜头很多不是原厂的，还需要注册校正数据，很麻烦。根据拍摄条件的不同，开启校正可能还会在图像周边出现噪点呢。

初学者应该等到后期熟练时在 RAW 格式下，用 DPP 来进行精细校正。

相机的默认设置为"启动"。

曝光补偿/AEB	-2..1..0..1..:2
白平衡	AWB
自定义白平衡	
白平衡偏移/包围	0,0/±0
色彩空间	sRGB
照片风格	标准
除尘数据	

问：曝光补偿/AEB是什么意思？

答：这是两个概念，一个是曝光补偿，AEB 是自动包围曝光。

曝光补偿用于改变相机设定的标准曝光值的。你可以使图像显得更亮（增加曝光量）或者更暗（减少曝光量）。曝光补偿可以在 ±2 级间以 1/3 级为单位调节。佳能的 EOS 单反系列，在曝光补偿的级别上也不一样，如 7D、60D、600D 可以 ±5 级间以 1/3 级为单位调节。

当你对曝光的理解到了一定程度，你会发现，在相同的设置下及拍摄环境里，无论是自动档，还是 P 档，或者是 AV、TV 档，相机给出的曝光量都是一样的，如 P 档，无论怎样改变曝光组合，得到的曝光量也是一样的，还有 AV、TV 档，无论是改变光圈，还是改变速度，曝光量都一样。

要想改变曝光量，改变作品的明暗，曝光补偿是一个经常使用的方法。

再说说自动包围曝光（AEB），AEB 是表示自动包围曝光的符号。

相机通过自动更改快门速度或光圈值，可以用包围曝光连续拍摄 3 张图像。这称为自动包围曝光。当然包围的范围是由你来设置的。

如果与自动包围曝光结合使用曝光补偿，将以曝光补偿量为中心应用自动包围曝光。

问：什么是白平衡？

答：现在的状态是 AWB，就是自动白平衡。对人眼来说，无论在何种光源下白色物体均呈白色。而数码相机使用软件对色温进行调整，从而使白色区域呈现白色，这个调整是色彩矫正的基础，调整的结果是在照片中呈现自然效果的色彩。白平衡决定作品的色彩，它是在努力还原客观色彩。使用白平衡（WB）可以使白色区域呈现白色。一般用自动白平衡通常都可以获取正确的白平衡。

摄影创作的一系列方法中，改变客观色彩是思考的方向之一。改变的手段可以选择五种图标里的一种，也可以选择使用闪光灯，还可以选择自定义白平衡，更可以细致地选择色温 K 值的方法，来改变作品的色彩达到创作的目的。

问：什么是自定义白平衡？

答：使用自定义白平衡可以更准确地为特定光源手动设置白平衡。

简单说一下手动设置白平衡的方法：在拍摄现场的光线下，选择拍摄一个白色物体，如白卡纸、白墙、雪地等，然后选择菜单里的"自定义白平衡"，按下 <ETS> 确认键，将会显示自定义白平衡选择屏幕，转动拨盘或转盘选择所拍摄的图像，然后按下 <ETS>。在出现的对话屏幕上选择"确定"，所拍摄的图像数据将被导入。退出菜单后，想使用刚才设置的自定义白平衡，按下白平衡选择按钮，注视液晶显示屏并转动转盘，出现自定义白平衡符号就可以使用了。

在摄影创作中，自定义的方法常用，目的可以与相机一致，还原客观色彩，也可以与相机的目的相反，改变客观色彩，为拍摄影意图服务。

问：什么是白平衡偏移/包围？

答：这是两个功能。一个是白平衡偏移，一个是白平衡自动包围曝光。

先说白平衡偏移，其实就是白平衡矫正，您可以矫正已设置的白平衡，可以按自己的意图调节白平衡的色彩偏向。这种调节与使用市面有售的色温转换滤镜或色彩补偿滤镜效果相同。每种颜色都有 1-9 级矫正。这和我们在镜头前加滤镜的效果一样，该功能适用于熟悉使用色温转换滤镜或色彩补偿滤镜的高级用户。

设置示例：A2，G1

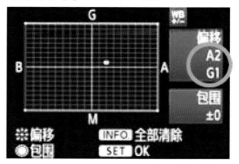

B 是蓝色；A 是琥珀色；M 是洋红色；G 是绿色。右上方的"偏移"表示方向和矫正的量。

再说说白平衡自动包围曝光，这是个非常方便的功能，只需按一次快门拍摄，可以同时记录 3 张不同色调的图像。在当前白平衡设置的色温基础上，图像将进行蓝色 / 琥珀色偏移或洋红色 / 绿色偏移包围曝光。这称为白平衡包围曝光（WB-BKT）。白平衡包围曝光可以设为 ±3 级，以整级为单位调节。

蓝色/琥珀色偏移±3级

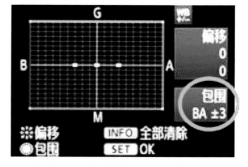

具体操作：转动转盘，屏幕上的方块标记将变为3点。向右转动转盘设置蓝色/琥珀色包围曝光，向左转动设置洋红色/绿色包围曝光。在屏幕右侧，"包围"表示包围曝光方向和包围曝光量。

在学习数码相机的操作时，在色彩的还原和色彩创作练习中，要多多练习"偏移"和"包围"这项功能，这是个让人兴奋的练习，按一下快门出现三张不同色彩的作品，你的感觉怎样？

问：什么是色彩空间？

答：色彩空间指可再现的色彩范围。你有两种选择，一是 sRGB，另一个是 Adobe RGB。单反相机都可以将拍摄图像的色彩空间设为 sRGB 或 Adobe RGB。对于普通拍摄，推荐使用 sRGB。

Adobe RGB 主要用于商业印刷和其他工业用途。

相机的默认值是 sRGB。

问：什么是照片风格？

答：在你进行摄影表现的时候，照片风格这个功能，影响的是作品的效果和风格。

具体操作：按下相机后面的"照片风格"按钮，在出现的照片风格屏幕里的六种风格中，选择一种风格，按下 SET 键后该照片风格就可以用了。也可以在菜单里选择"照片风格"。

六种照片风格的含义：

●标准：这是 EOS 系列数码单反相机的基本色彩，能够适应所有被摄体。因为其色彩浓度和锐度都稍高，图像显得鲜艳、清晰、明快，是一种适用于大多数场景的通用照片风格。也适用于不进入计算机加工，而直接打印拍摄的照片时采用。

●人像：这是能够再现女性和儿童肌肤色彩以及质感的照片风格。比起标准来说，它能让肌肤看起来更柔滑，还能让肌肤呈现明亮的粉红色。平滑的皮肤色调可以较好地表现肤色，使用较低的锐度，也可以使图像显得更加柔和。特写拍摄妇女或小孩非常有效。

●风光：它是名符其实的最适合拍摄风景的照片风格。"风光"照片风格传达的是将风景重现眼前的感受。锐度和对比度都比较高，能鲜明地

将绿色～蓝色系色调表现得很浓。即使是远景的细节也能清晰呈现。

●中性：该照片风格适于偏爱计算机处理图像的摄影人，用于拍摄自然的色彩及柔和的图像。在该照片风格下对比度和色彩饱和度较低，和其他照片风格比起来不易产生高光溢出和色彩过饱和的情况。适合明暗对比强烈的场景拍摄。由于"中性"照片风格运用了低色彩饱和度与对比度，预留了更多细节可以让摄影人按预想，对已经拍摄的图像进行最大限度的自由创作。这是为追求摄影技术极限的发烧友设计的，因为，毫无修饰的图像，丰富的细节，对于后期处理非常理想。

●可靠设置：可以获得在标准日光下被摄体的实测色彩。能适应从商品拍摄到忠实再现动物的毛色等，需要忠实再现物体色调的拍摄时用它。是追求真实逼真和写实地再现主体时的最佳选择。该照片风格也适用于偏爱计算机处理图像的摄影人。在 5 200K 色温下，拍摄主体时，相机会根据主体的颜色来自动调节色度。图像会显得阴暗并柔和。

●单色：它和使用黑白胶卷拍出的色调类似。不单是把彩色照片灰度化，更有着和黑白胶片类似的深度，还有单色的褐色模式，也很有趣。在使用棕褐色等单色拍摄时，可在"拍摄"菜单的"照片风格"中选择"单色"，通过色调调整来选择"棕褐色"等自己中意的色调。在不使用色彩数据时，光亮和阴影成为主导，会构造出令人难忘的图像。"单色"照片风格是是黑白数码摄影的入门。

问：什么是除尘数据？

答：感应器自清洁单元通常会清除所拍摄图像上可见的大部分灰尘。但如果仍有可见灰尘，您可以将除尘数据添加至图像，随后清除尘点。随机软件 DPP 就会用除尘数据自动清除尘点。一

般不常用,我的 5D Mark II 用了 4 年了,一次也没用。想用时请仔细研究说明书吧。

▶ 回放1

问:什么是保护图像?

答:是防止图像被误删除用的。图像被保护时屏幕上面会出现小钥匙图标。

具体操作很简单,在菜单里找到"保护图像",按下 SET 键,出现保护设置屏幕,用速控转盘选择要保护的图像,按下 SET 键,图像被保护时,屏幕出现小钥匙图标。要取消图像保护,再次按下 SET 键图标将消失。可以对多张图像进行保护。

问:旋转什么意思?

答:手动旋转图像。可以将显示的图像旋转到所需方向。具体操作是在菜单里找到"旋转",对要旋转的图像按下 SET 键,每按一次图像旋转 90 度→270 度→0 度。

问:为什么要删除图像?

答:拍摄失败或效果不满意。您可以逐个选择来删除图像或批量删除图像。只有被保护的图像不会被删除。一旦图像被删除,将不能恢复。在删除图像前,确认已经不再需要该图像。为防止重要的图像被误删除,请对其加上保护。

删除的操作:回放要删除的图像。按下删除按钮。屏幕底部出现图像删除菜单。选择删除,然后按下 SET 键,显示的图像就被删除了。不建议使

用批量删除,一张一张慢慢删呗,也是个选择和总结的过程啊。

问:什么是打印指令、传输指令?

答:打印照片时的操作菜单,初学者或一般摄影人不涉及自己打印,而且描述起来挺复杂,想用该功能的研究说明书吧。

▶ 回放2

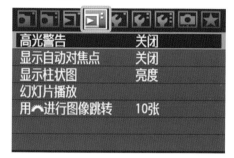

问:什么是高光警告?

答:这个功能是提醒摄影人画面里高光区曝光过度了,它不停地闪烁,搞得很多初学者心里挺害怕,以为相机坏了。这个提醒功能对于初学者检验拍摄效果很有用,摄影术语叫高光溢出。

什么是高光溢出?俗话说,满则溢。在摄影圈里关于曝光有个原则叫"宁欠勿过",因为,在后期处理时欠曝光比过曝光更容易处理。数码相机的宽容度有限,光比过大时,高光部分溢出后期无法挽回,因为细节完全没有记录下来,而暗部虽然肉眼看不清,但细节仍然保留一部分,可以通过后期找回一部分,因为,数码相机对宽容度算法处理的设计就这样,所以一般情况下遵循保证高光区曝光准确,低光区随他去的原则。

避免高光溢出,一般把相机实时直方图打开就行了,直方图最右端有亮区分布,而且峰值非常高(纵轴值大)就是有高光溢出了(所以宁欠勿过也常叫做"向左曝光")。

有经验的摄影人在取景时在取景框里观察，不是构图特别需要，不会让光比过大的对象如天空，同时收入取景框，这样比较容易控制高光溢出，否则的话，你缩小了光圈虽然避免了高光溢出，但是主体可能严重曝光不足了。

问：显示自动对焦点的好处？

答：一般选择"开启"。照片拍摄后屏幕里显示对焦点，一般为红色，你的对焦对在什么地方，一目了然，有利于查看焦点。

问：显示柱状图的目的？

答：很多摄影人按照柱状图拍摄，未免机械了点。数码相机的一大优点是即拍即看，看画面效果我感觉比看柱状图强多了。如果你非常注重画面的品质，在技术的鉴别上还是有帮助的。你有两个选择：一个是亮度，一个是 RGB。亮度显示的是曝光量的分布，RGB 显示的是色彩的分布情况。R 是红色，G 是绿色，B 是蓝色。RGB 即是代表红、绿、蓝三个通道的颜色，这个标准几乎包括了人类视力所能感知的所有颜色，是目前数码相机运用最广的颜色系统之一。

初学者一般选择亮度，因为首先要解决的是曝光准确的问题。

亮度柱状图的常识：柱状图的左侧是黑场，中间显示灰的分布，右边是亮度的分布；左边的峰值高，照片太暗了，可能曝光不足，右边的峰值高，照片太亮了，可能曝光过度，两边峰值低，中间峰值高照片发灰。

我的经验是，曝光峰值的正常分布往往得到的是中间调的照片，低调照片往往黑场强烈，而高调照片正相反，白场峰值高。其实，曝光正确与否是与你的拍摄意图和评价标准有关。

问：幻灯片播放？

答：搞的挺复杂，可以按静止图像和短片、也可以按文件夹或日期播放等。可是一般很少有人用这个功能，不列述了，真需要看说明书吧。

问：用拨盘进行图像跳转？

答：跳转浏览图像是为了在相机上看照片方便，没什么用，默认值是 10 张。很少用到该功能，搞的挺复杂，竟有 10 个选项，自己看吧。

设置1

问：自动关闭电源有什么用？

答：省电。在一段时间没有进行任何操作后，相机会自动关闭电源。关闭电源的时间有 7 个选择。一般选择相机的默认值 1 分钟。

问：自动旋转是个方便的功能？

答：是的。竖拍的图像会自动旋转，使其竖直显示在相机的液晶监视器和计算机上。有三种选择：一是，竖拍图像会在相机的液晶监视器和计算机上自动旋转。二是，竖拍图像仅在计算机上自动旋转。三是，图像拍摄后立即确认图像时，竖拍图像不会自动旋转。我一般选择第二种。竖拍图像在计算机上自动旋转，会在后期处理时节省很多时间和操作。不选择第一种的理由是，旋转后竖拍画面显示的很小，不便于观看。

问：格式化的含义？

答：如果是新存储卡或使用其他相机或计算机格式化的存储卡，建议使用本相机对存储卡进行格式化。格式化存储卡时，卡中的所有图像和数据都将被删除。即使被保护的图像也被删除，所以要确认卡中没有需要保留的图像。

具体操作：一是，确认卡里的图像确实需要全部删除；二是，在菜单里找到"格式化"选项，然后按下 SET 键；三是，在出现的对话框里选择"确定"，卡里的照片就全部格式了，卡里空了。

问：文件编号怎样设置?

答：相机默认的是连续编号。一般都选择该选项。这样在 9 999 张里不会重号。

问：选择文件夹的含义?

答：看了说明书你可能觉得多建几个文件夹很方便，其实，对于初学者我建议你还是选择相机的默认为好，避免拍摄现场还要考虑选择用哪个文件夹存储。默认的好处是，一个文件夹中最多可以容纳 9 999 个图像（文件编号 0001 - 9 999）。当文件夹已满时，相机会自动创建一个文件夹编号高一位的新文件夹。

✔:设置2

液晶屏的亮度	自动
日期/时间	09/17/'08 13:10
语言	简体中文
视频制式	NTSC
清洁感应器	
实时显示/短片功能设置	

问：液晶屏的亮度需要调整吗?

答：一般不用。该功能的目的是将液晶监视器调节为最佳观看亮度。

你可以设置自动调节的亮度等级，使屏幕更亮或更暗，也可以手动调节亮度有 7 个级别

可以选择。亮度不要频繁调整，要养成在一个固定的亮度下观看的习惯，这样有利于判断、鉴别所拍图像。

一般可以选择为"自动"。设置为"自动"时，请注意不要用手指等遮挡电源开关左侧的圆形的外部光线感应器。

问：设置日期/时间的好处?

答：这是速控转盘与确认键的频繁配合的练习，选择正确的时间，操作时就可以不用戴手表了，而且所设置的时间会记录到照片的 EXIF 信息里。

问：什么是EXIF信息?

答：是隐藏在每一张照片附件里的有关该照片的一些原始数据，可以在看图软件里查看，如常用的 ACDSee 软件。具体操作：在照片上点击鼠标右键，在出现的菜单里选择"用 ACDSee 查看"，就可以看到有关该照片的拍摄信息。过去学习摄影时都准备一个小本子，记录一些拍摄时的数据，现在不用了，点开 EXIF 信息一目了然，而且详细得让你大吃一惊。

问：语言要选择吗?

答：选择你熟悉的，我选择简体中文。

问：什么是视频制式?

答: 分两种，一种是 NTSC 电视标准用于美、日等国家和地区。PAL 电视标准用于中国、欧洲等国家和地区。

问：清洁感应器的功能?

答：在相机的低通滤镜上装有感应器自清洁单元，每次开机和关机时，相机会自动工作，用抖动的方式除尘。

问：什么是实时显示/短片功能设置?

答：可以在相机的液晶监视器上观看图像的同时进行拍摄，这称为"实时显示拍摄"。换句话说就是使用液晶监视器的静止图像拍摄

方式，有点像用卡片机看着屏幕的拍摄方法。使用该功能需要设置很多选项。

可以用相机拍短片，就是我们俗话说的录像。这个功能是单反机发展的趋势，使用该功能也需要进行一系列设置。

设置3

问：电池信息的含义？

答：以百分比的方式，显示电池的工作状态。

问：INFO.按钮是干什么用的？

答：是信息显示按钮，用来检查相机设置的。当相机处于拍摄状态时，按下该按钮将会出现"相机设置"和"拍摄功能"屏幕。当显示"拍摄功能"时，您可以一边观看液晶监视器一边设置拍摄功能。每次按下该按钮，信息显示都将会改变。液晶监视器上只显示当前可用的设置。一般我们默认相机的设置为"通常显示"。

问：外接闪光灯如何控制？

答：当安装了可用相机设定的 EX 系列闪光灯（例如 580EX II，430EX II 和 600EX）时，您可以用相机的菜单屏幕设定闪光灯的闪光功能设置和自定义功能。

问：相机用户设置的含义？

答：在模式转盘的 C1、C2 和 C3 位置下，可以注册包括您的优选拍摄模式、菜单、自定义功能设置等在内的大多数当前相机设置。

问：清除设置什么时候用？

答：使用该功能就是恢复相机的默认设置。对初学者很有用，当你把相机设置的乱了，可以选择该功能一键恢复到相机出厂状态。

问：固件版本2.0.0什么含义？

答：可以用含有固件的卡来对相机进行版本升级操作。我的相机的版本是 2.0.9，也需要升级了啊，现在固件版本是 2.1.2 了。可以到佳能官网去下载、升级。

自定义功能

问：什么是定义？

答：就是对某种属性进行的规范。自定义就是让你自己选择，从字面上解释为"自己定义"，就是根据自己的拍摄意图来选择设置各项。我们展开来说。

问：C.Fn I：曝光里的定义？

C.Fn I：曝光	
1	曝光等级增量
2	ISO感光度设置增量
3	ISO感光度扩展
4	包围曝光自动取消
5	包围曝光顺序
6	安全偏移
7	光圈优先模式下的闪光同步速度

答：这个自定义里有7个可以自定义的选项。

1. 曝光等级增量：有两个选项：1/3-级和1/2-级，我选择1/3-级。

2.ISO 感光度设置增量：有两个选项：1/3-级和1级，我选择1/3-级。

3.ISO 感光度扩展：我选择"开"。这样可以充分利用低感光度 L 相当于 IS050 和高感光度 H1 相当于 12 800，H2 相当于 IS025 600。

4. 包围曝光自动取消：我选择"开"。

5. 包围曝光顺序：我选择 —，0，+。含义是，曝光不足，曝光正确，曝光过度。

6. 安全偏移：我选择"启动"。安全偏移的含义？选择光圈优先或快门优先，用户可以按照自己的意图控制光圈或快门速度，但由于周围拍摄环境的亮度不同，有时也会出现不能取得合适曝光的情况。例如在晴空万里的户外使用最大光圈 f/1.4 的大口径镜头，以开放光圈拍摄人物，采用光圈优先自动曝光模式，光圈值选择 f/1.4 时，相机会提高快门的速度，以便取得合适的曝光量，但有时即使达到最高的快门速度，仍然无法正确曝光。在这种情况

下就会出现曝光过度的情况。使用安全偏移功能就能有效避免这类问题。在使用光圈优先自动曝光或快门优先自动曝光时，如果遇到用户的设置不能取得合适曝光的情况，安全偏移功能就会强制性地改变相应设置，从而避免曝光偏差。这是一个极为有用的功能。EOS DIGITAL 中端以上的机型均配备这一功能，用户可通过自定义功能菜单选择此项功能的开启或关闭。对于"要使用光圈优先自动曝光或快门优先自动曝光功能进行拍摄，又希望能够避免曝光不当"的用户而言，它是必不可少的功能。

7. 光圈优先模式下的闪光同步速度：我选择"自动"。

问：C.Fn II：图像里都定义了什么？

C.Fn II：图像	
1	长时间曝光降噪功能
2	高ISO感光度降噪功能
3	高光色调优先
4	自动亮度优化

答：有4个选项。

1. 长时间曝光降噪功能：我选择"关"。采用长时间曝光时，再选择打开。

2. 高 ISO 感光度降噪功能：我选择"关闭"。选择高 ISO 时，再打开。

3. 高光色调优先：我选择"开"。这一功能在被摄物体的对比度较高，高光部位容易出现溢出的情况下极其有用，在拍摄自然风景时，能够准确地捕捉水花或飘浮在天空中的白云等被摄物体；还有在进行人像拍摄时，能够准确捕捉阳光直射的人物肌肤等容易溢出的部位。

4. 自动亮度优化：我选择"标准"。该功能的特点为：成像处理时，可根据拍摄结果自动进行适当的亮度和反差调整。它能对被摄体的亮度进行分析，将图像中显得较暗的部位调整为自然的亮度。选用全自动或创意自动模式等拍摄时将会自动启动此功能（设置为"标准"）。选用其他拍摄模式时，则可从"标准、弱、强、关闭"4个级别中任意选用。通过结合面部检测，拍摄逆光或阴影下的人物时，可将人物面部的亮度调整得更加自然。

《机遇》摄影 吕乐嘉

操作密码：异样的天象是不以人的意志为转移的。出门带着相机，机会给有准备的。注意天象的变化，根据拍摄意图不断灵活设置相机功能，冷静、理智是摄影人成熟的标志。

5D Mark II、F16、1/8 000s、ISO2000、曝光补偿-0.3、28-300镜头，手持拍摄。

问：C.Fn III：自动对焦，驱动的定义功能？

C.Fn III：自动对焦/驱动	
1	不能进行自动对焦时的镜头驱动
2	镜头自动对焦停止按钮功能
3	自动对焦点选择方法
4	叠加显示
5	自动对焦辅助光闪光
6	反光镜预升
7	自动对焦点区域扩展
8	自动对焦微调

答：有8个选项可以自定义。

1. 不能进行自动对焦时的镜头驱动：我选择"对焦搜索开"。当使用极易脱焦的超远摄镜头时，应选择"关"，如果没有这种超远摄镜头，建议选择"开"。

2. 镜头自动对焦停止按钮功能：我选择"停止自动对焦"。说明书中注明："只有超远摄Is镜头上设有自动对焦停止按钮"，其言外之意就是该功能选项仅对这种镜头上的这个特定按钮有效。普通影友一般选择"停止自动对焦"就可以了。

3. 自动对焦点选择方法：我选择"常规"。半按快门时按下放大键（自动对焦点选择按钮），即可选择中间对焦点，不松开再转动快门键上方的主拨盘，即可顺序选择对焦点。

4. 叠加显示：推荐"开启"，即能在取景器里看到红色对焦点，方便提示我们找到对焦的位置。

5. 自动对焦辅助光闪光：外接闪光灯具备对焦辅助灯，应打开"启动"选项，因为有时候在非常昏暗的光线下这个辅助光非常有用。

6. 反光镜预升：虽然不是拍摄所有内容时都要用到反光板预升，但如果拍摄夜景或是用三脚架进行微距拍摄，推荐"启动"选项，同时使用快门线或者遥控器，以最大程度地减少震动，保证画面清晰。

7. 自动对焦点区域扩展：这个选项仅对人工智能伺服自动对焦起作用，也可以将其启动，因为到时候只要切换一下对焦方式就行了。

8. 自动对焦微调：我选择"关闭"。你要感觉你的镜头有跑焦现象，可以进行微调。

问：C.Fn IV：操作/其他里的功能定义?

C.Fn IV：操作/其他
1 快门按钮/自动对焦启动按钮
2 自动对焦启动/自动曝光锁定钮切换
3 分配SET按钮
4 Tv/Av设置时的转盘转向
5 对焦屏
6 增加原始校验数据

答：有6个功能选项。

1. 快门按钮／自动对焦启动按钮：我选择"测光 + 自动对焦启动"。相机里有这么多选择，无非是为了在能够将测光、自动对焦和启动快门三个动作能够有效排列组合，适应拍摄条件和目的。

2. 自动对焦启动／自动曝光锁定钮切换：我选择"关闭"。还是保持原功能好。

3. 分配 SET 按钮：我不想重新分配它的功能，我选择"关闭"。

4.TV／AV 设置时的转盘转向：我选择"一般"。

5. 对焦屏：Eg-A 是本相机附带的标准对焦屏。

6.增加原始校验数据：我选择"关"。

问：我的菜单干什么用?

★： 我的菜单

答：是注册常用菜单选项和自定义功能用的，有5个选项。

1. 注册到我的菜单：为了进行快速访问，最多可以注册 6 个菜单和频繁更改设置的自定义功能。

2. 排序：可以改变"我的菜单"中的注册菜单项目的顺序。

3. 删除项目：一次删除一个菜单项目。

4.删除全部项目：删除全部菜单项目。

5. 从我的菜单显示：设置为"启动"时，显示菜单屏幕时会首先显示菜单设置页。

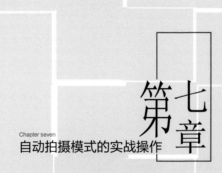

Chapter seven
第七章
自动拍摄模式的实战操作

如何利用模式转盘的基本拍摄区，拍摄出满意的作品，

要了解这些模式有什么功能，适合拍摄的题材，

拍摄的技巧及注意的问题是这章的重点，解决了很多疑惑问题，

对初学者帮助是很大的。

自动拍摄模式的实战操作

本章介绍如何使用模式转盘的基本拍摄区模式获得最佳拍摄效果的方法。各种机型的模式盘是不一样的，可功能的含义基本是一样的，我会把所有机型里的自动拍摄模式都说到的。下面是模式盘的举例示范。

基本拍摄区

600D的
模式盘

5D Mark II
的模式盘

1100D的
模式盘

一、全自动拍摄模式的实战操作

全自动拍摄模式也叫绿区模式，是单反相机里最简单，也是最常用的模式，只需要对准被摄主体，相机会自动设定所有设置，按下快门拍摄就可以了，很多摄影人感觉用自动档有点掉价，这是对该模式不理解，也是摄影圈里的误传，摄影圈戏称"傻瓜档"。其实，该档一点不傻，而且非常实用，随着科技的发展，自动模式的含金量越来越大很多题材都可以用该模式来拍摄。在使用的过程中会遇到很多问题，我来回答。

1. 绿区模式适合拍摄的题材

问：想拍摄高质量的纪念照？

答：拍纪念照是自动档的强项，纪念照片基本都是中间调的，而自动档因为不能对主要拍摄设置进行更改，得到的照片基本都是中间调的，曝光不容易失败。得到高质量的纪念照，

需要考虑很多问题，如取景问题，这关系到纪念什么，在什么地方纪念；构图问题，把要纪念的主体放在画面的什么地方，要处理好人与景的关系，不能重叠，还要考虑视线方向。

还有光线问题，尽量选择顺光去拍摄，逆光人脸发黑，达不到纪念的目的，你可以打开机顶闪光灯补光；还要说一下瞬间问题，把人拍闭眼了就谈不到高质量了，解决方法可以多拍几张，或者把相机设置成"连拍"，这可是自动档唯一能设置的功能之一，回放时，放大选择，把不理想的删除。

建议你看一下我写的《纪念照摄影操作密码》一书，里边说的很详细。

看一张纪念照片。

《远方的诱惑》摄影 何晓彦

操作密码：摄影人的纪念照就是和普通人不一样，手持长焦镜头相机的是作者，在摄影师的指挥下摆出的姿势，按天空测光，把人物拍成剪影，强调的是摄影的正确姿势，注意人物不要与其他景物重叠。

问：自动档能拍合影吗？

答：当然能，而且还不用担心失败。拍合影注意三点：一是，人与人之间不要重叠；二是，用变焦镜头的标准段，一般是 50mm 左右；三是，倒数 3，2，1，不要闭眼。四是，如果是人多的大合影，焦点对在多排的中间，要使用三脚架。五是，文件存储一定要用最大尺寸最好的压缩比，最好使用 RAW 格式，因为拍摄时曝光、白平衡不准确的话后期调整余地大。六是，使用小光圈以获取较大的景深，如 F8 或 F11。七是，多作善意提醒，如被摄者只要两眼视线没被遮挡就觉自己的整个脸在照片上是完整的。其实不然，他脸的下半部已被前排遮挡，应提醒；个别人的姿态不雅，应提醒；拍摄次数也要提醒。

《摄影班太阳岛实习合影》摄影 何晓彦

操作密码：在夏天的直射阳光下，投影是避免不了的，要合理运用光线，摄影师应该及时提醒不要让帽子挡住脸，还要稍抬起点头。该片被摄者的表情自然生动，这与摄影师的互动有关。该片拍摄于2010年7月12日，3年过去了，他们大部分还在摄影班里学习，而且都小有成就，我为他们高兴和自豪，希望和他们一起走下去。

问：用自动档可以拍婚礼吗？

答：拍婚礼属于记录性摄影，用自动档非常合适。既然是记录，就要把功夫花在过程上，而不要担心技术上的失败，自动档不用调整相机，可以更好地把精力用在场景的选择、构图、抓拍、瞬间上。拍婚礼要注意几点：一是，景别要全，就是要有大场面，还要有特写；二是，要跑位，关注婚礼进程，提前到位置；三是，室内光线复杂，尽量使用闪光灯，营造气氛的同时，正确还原色彩；四是，抓花絮，吻新娘、喜糖、婚戒、撒花瓣、来宾笑容等。

《吻新娘》摄影 何晓彦

操作密码：拍摄婚礼是摄影人绕不过去的题材，也是检验抓拍基本功的。熟悉相机，快速构图，冷静观察，注意细节，抓取瞬间。在拍摄前与主持人聊聊也是要做的功课，婚礼是标新立异的，你一定要知道下一项是什么，可以提前跑位，从容不迫。准备也要充分，电池、存储卡、广角镜头等，当然要有备用相机，婚礼过程是不等人，也不能重复的。

问：刚加入新闻队伍，对相机了解的不多，用自动模式可以吗？

答：全自动模式拍新闻很合适，不用多考虑技术上的问题，把精力放在选取画面和瞬间上，还可以设置成"连拍"。新闻题材属于记录性摄影，尽管放心用好了。多说一句，要了解新闻五要素才能拍好啊。新闻五要素即新闻的 5 个 W，指一则新闻报道必须具备的五个基本因素，分别为何时（when）、何地（where）、何事（what）、何因（why）、何人（who）。这是新闻中不可缺少的五个方面，是对新闻报道的基本要求。

问：旅游摄影用自动档注意什么？

答：一架单反相机，一款 18-200 的镜头，你就可以一镜走天下了。旅游旅的是心情，是人的一种放松状态，尤其是初学者技术往往影响情绪，使用自动档吧，把技术交给相机，你只需取景、构图、按快门就可以了。注意几点：一是，充分利用变焦镜头，广角、长焦都试试，少跑路的同时，画面有变化；二是，记录当地的典型景观、风土民情，寻找与自己生活不一样的地方；三是，多拍精选，一个场景可以横幅、竖幅，可以多角度，发挥数码相机优势；四是，用自拍把自己拍进画面；五是，做好准备工作。电池要充足电，带备用存储卡，晚间出行带手电筒，带几个塑料袋防雨防尘，冬天还要注意防滑，小心摔了相机。六是，可以尝试使用连拍。自动档可以选择"画质"和驱动模式，可以在单张、连拍、自拍、遥控里选择。

《套娃广场上的绅士》 摄影 何晓彦

操作密码：旅游是从自己呆腻歪的地方，到别人呆腻歪的地方的行为，熟悉的地方没风景啊，尤其是初学者需要某种刺激才能看到，刺激来自异乡。于是旅游摄影很好地解决了这个问题。满洲里是个旅游的好地方，充满了俄罗斯风情，尤其是套娃广场更是让人流连忘返，不用什么创作，新鲜的事物很多，拧到自动档，尽管按快门好了。

自动档、24-70镜头、画质JPEG/最大、用广角、中焦、横幅、竖幅各拍一张，不足的是没注意画面的反光。

2.全自动拍摄技巧

问：什么是先对焦后构图？

答：在自动拍摄模式下，对准主体对焦后，发现主体在画面里的位置不理想，如人在画面中间，而且把背景挡住了，这时你可以半按快门按钮对静止主体进行对焦时，不要抬按快门的手指，这样焦点会被锁定，你可以向左或向右平行移动以平衡背景并重新构图。这种半按住快门锁定焦点重新构图的方法在拍摄中经常使用，书面语言叫"对焦锁定"。先对焦后构图有利于快速抓拍，在完成拍摄的同时，也提高了构图质量。

问：什么是焦点覆盖？

答：在自动档时，相机默认的对焦模式是单次自动对焦，如果你拍摄的是运动物体，或者在对焦时或对焦后主体突然移动，相机的连续对焦模式，也就是"人工智能伺服"自动对焦将会自动启动，对移动主体持续进行对焦。能这样做的前提是，对焦点始终对在被摄体上，也就是焦点要覆盖被摄体，只有焦点覆盖被摄体才能持续进行对焦啊。说明书说："半按快门按钮时，只要保持使自动对焦点覆盖主体，就可以持续进行对焦。拍摄照片时，完全按下快门按钮即可"。你当然要了解你的相机的对焦点的分布情况。N 派攻击 5D Mark II 其中有一条就是说该机的对焦点 9 个点太少，（其实是 15 个点），新出的 5D Mark III 一下子多到61 个点，这个改进对全自动档拍摄运动体提高了成功率。

问：在全自动档下能连拍吗？

答：能。可以在速控屏幕里,选择驱动方式,可以选择连拍、自拍、遥控,相机默认的是单张拍摄。

问：在全自动档下能调整画质吗？

答：可以。在打开的速控屏幕里,选择画质,用速控转盘选择就可。

3.自动档拍摄中经常遇到的技术问题

问：合焦确认指示灯闪烁，但无法合焦怎么办？

答：你进入了自动对焦的盲区，自动对焦有很多时候实现不了，哪些场景、被摄体容易对焦失败，你来说一下：反差小的主体，例如：蓝天、色彩单一的墙壁等；低光照下的主体；强烈逆光或反光的主体，例如：车身反光强烈的汽车等；被摄体前面有物体，例如：笼中的动物等；还有一些重复的图案，例如：摩天高楼的窗户、计算机键盘等。

解决的方法：将自动对焦点对准明暗反差较大的区域，然后半按快门按钮；如果距拍摄主体太近，请离主体稍远点，然后重新对焦；将镜头对焦模式开关设为 <MF> 并进行手动对焦。

问：如何手动对焦？

答：将镜头对焦模式开关置于 <MF>，转动镜头对焦环进行对焦，取景器中呈现的主体清晰为止。如果在手动对焦期间半按快门按钮，在合焦时取景器中的有效自动对焦点和对焦确认指示灯也会亮起。

问：多个自动对焦点同时亮起什么意思？

答：这表明在这些自动对焦点上同时合焦。只要覆盖拍摄主体的自动对焦点闪动，就可以拍摄照片。

问：半按快门按钮不能对主体进行对焦？

答：镜头上的对焦模式开关设定为 <MF>（手动对焦）时，相机无法自动对焦。将镜头对焦模式开关设为 <AF>（自动对焦）就可以了。

问：使用闪光灯拍摄，照片的底部显得较暗是怎么回事？

答：镜头在广角时，遮光罩挡住了闪光，取下遮光罩。

问：快门就是按不下去？

答：有一种可能是存储卡满了。

问：为什么要半按快门？

答：激活相机，在完全按下快门之前，相机要做很多工作啊，如对焦、测光、曝光设置，给相机里的计算机一点时间啊。也是减少机震的操作方法。

问：电池图标闪动是什么意思？

答：需要充电了。

问：5D Mark III 模式盘上这个符号什么意思？

答：场景智能自动模式。和全自动模式一样，只不过叫法和图标不一样而已。

《比较》摄影 李继强

操作密码：我问许仙，什么是幸福，他说，灭了法海就是幸福。

5D Mark II、自动档、100-400镜头、手持拍摄。

二、创意自动拍摄模式的实战操作

该模式的默认设置和全自动档是一样的，在自动档的基础上增加了亮度、景深、色调的控制，可以认为这是自动档的扩展型，是向创意模式的过渡。

问：创意自动都可以操作什么？

答：可以操作的有：图像的亮度，解决画面的明暗效果；可以控制画面被摄体前后的清晰范围，就是我们经常说的"景深"；还可以选择"照片风格"、单张拍摄、连拍、自拍、遥控拍摄和选择画质。

问：创意自动的具体操作方法？

答：在拍摄现场调整亮度的操作：

将模式盘设置为 CA，按下 Q 键或多功能按钮，出现速控菜单，在菜单里选择"亮度"选项，向左移动照片显得更暗，如果想右移动指示标记，照片显得更亮。用亮度功能可以很方便地控制画面的明暗。

在拍摄现场调整背景效果的操作：

将模式盘设置为 CA，按下 Q 键或多功能按钮，出现速控菜单，在菜单里选择"模糊／清晰"选项，向左移动照片显得更模糊，如果想右移动指示标记，照片显得更为清晰。这是景深原理的应用，可以很简单地操作，从而控制被摄体前后的清晰范围。

在拍摄现场调整"照片风格"的操作：

将模式盘设置为 CA，按下 Q 键或多功能按钮，出现速控菜单，在菜单里选择"照片风格"选项，用速控转盘选择其中一项，按下 SET 确认，拍摄时就可以应用了。拍人像时选择 S，拍风光时选择 L，还可以创建黑白照片啊。

《独立的感觉》摄影 何晓彦

操作密码：在拍摄现场，用CA模式，按多功能键，在菜单里选择"模糊／清晰"选项，向左移动滑块，作品的背景显得模糊，达到了控制景深的目的。在摄影的表现方法里是一种强调的手段，与开大光圈有异曲同工之妙。

5D Mark II、CA模式、100-400镜头、手持拍摄。

三、关闭闪光灯模式的实战操作

闪光灯会破坏现场氛围，如室内人像、生日烛光等。很多场合禁止用闪光灯，如博物馆、文物古迹。有些体育比赛也不让闪光，如台球、乒乓球等。由于在较暗的地方快门速度变慢，请使用三脚架以防止手的抖动。半按快门键，红灯闪烁是因光量不足照片可能偏暗的警告。拍摄夜景时，一般也不用闪光灯，可以选择这个模式。

问：手持拍照，光线较暗，怎样提高快门速度？

答：可以开大光圈。可以提高感光度。

问：给新生儿拍照为什么不让用闪光灯？

答：给初生婴儿拍照时慎用闪光灯，因为刚出生不久的孩子其眼球发育不完善，尤其是视网膜的感光细胞很娇嫩，非常怕强光刺激，如果用闪光灯拍照，闪光灯闪光的那一刹那，会损伤孩子的视网膜．因此，为半岁以下的婴儿拍照时，最好不用闪光灯。

问：看戏剧、音乐会怎么拍照？

答：这些地方是不能用闪光灯的。解决方法有三：一是，提高感光度。现在的单反相机感光度提高到 800，1 600 效果都不错，与早期容易出噪点相比提高了一大截，可以放心用。二是，用大光圈镜头，如 F2.8 的，甚至定焦的 F1.4 可以提高快门速度。三是，使用脚架，稳定相机。

四、人像模式的实战操作

人是摄影的永恒主题，避免不了，自从有了人像拍摄模式，人像摄影的质量提高了，失败减少，这是人像模式的功劳。操作很简单，只需把模式盘里的人像模式，对准标志，就可放心拍照了。

问：人像模式的原理是什么？

答：场景模式都是通过对拍摄参数的优化，从而使拍摄出来的画面更加具有现场气氛。人像模式是将背景虚化以突出人物主体为目的来设计的。同时还对人物的皮肤和头发进行有目的的处理，显得比全自动模式来的柔和。数码相机会把光圈调到最大，做出浅景深的效果。还会使用能够表现更强肤色效果的色调、对比度或柔化效果进行拍摄。而且相机会轻微地降低饱和度，以便再现真实而不过分的肤色效果。

问：使用人像模式注意什么？

答：一是，因为是以虚化背景为目的，所以主体离背景越远虚化效果越好。

二是，最好使用变焦镜头的长焦端，拍摄半身像及特写时，背景看起来更模糊。

三是，对焦点最好对在眼睛上。

四是，可以试试连拍，按住快门按钮不抬起来，连续拍摄，可以扑捉到不同的表情和姿势。

五是，逆光时可以用机顶闪光灯补光。

《交流》 摄影 何晓彦

操作密码：我在老年人大学讲授数码摄影课程，身边围绕着一批"70后"、"80后"的老人，我喜欢和他们在一起，为他们的学习精神感动，这是带领他们摄影实践时，拍摄的画面。

摄影师是在现实生活的空间中捕捉与创造美的，但这一空间是那样"大"。如何在这一阔"大"的背景中发现"闪光点"，截取下那些最美、最有价值的画面，这就要取决于你的创作目的与审美意识。

EOS 550D、人像模式、100-400镜头、手持拍摄。

五、风光模式的实战操作

风景模式与人像模式正好相反。选择此模式后，将会使用小光圈来增加景深，保证前景和后景的成像都达到清晰。同时，还将适当增加画面的对比度和饱和度，适当突出蓝色和绿色，以保证拍摄出来的画面更加鲜亮而生动。

问：使用风光模式注意什么？

答：一是，尽量使用广角镜头或变焦镜头的广角端，这样可以使近处和远处的主体都能合焦。

二是，该模式还可以用于夜景拍摄，要使用三脚架避免相机抖动。

三是，在进行风光摄影时，需要特别注意画面是否倾斜，风光摄影的构图基本要求是保持水平。

四是，用光技巧，光影或影调效果好的作品，大多是有迹可循的，不外乎是在光线的色温、方向、强度、光通量、照射范围等方面做文章。有七个"善用"是给你的建议：善用早晚光线，营造低色温、低反差的画面，比如早晚霞、长时间曝光作品；善用逆光或侧逆光，勾勒景物轮廓或制造剪影效果，增强画面的立体感；善用侧光在非平滑物体表面造成的明暗差异，凸显物体的质感；善用逆光凸显红叶、黄叶的色彩明度、饱和度以及树叶质感；善用穿过云层或物体缝隙的集束光对主体的照射，得到类似舞台灯光的效果；善用物体在水面的倒影；善用慢门或减光镜延长曝光时间，使得移动的物件产生拖尾效果、水流成绸缎状、浪花成云雾状、快速移动的云层模糊化、夜里的车灯形成光带等。

五是，在决定开始拍摄一幅作品前，无论这个时间长短，都要在头脑里过一遍，尤其是初学者必须对主题部分或者全部地明确：

● 这个场景里到底是什么东西或者元素打动了我？

● 核心元素是什么？不可或缺的辅助元素是什么？

● 面对场景我有什么样的感受？

● 别人会对这样的主题感兴趣吗？

● 如果我决定记录并且传递这个主题，这个场景足够表达吗？

《如歌的慢板》摄影 李继强

操作密码：搞了一辈子摄影，数不过来的采风活动，都是在火车、长途汽车里度过的，看着车窗这个巨大的取景框，美景流逝着，停下来拍照是不可能的，很多时候眼前让人一亮的景色，一掠而过，唉，一定要有一辆自己的车！终于开着自己的车了，想在哪里停，就在哪里停。一个浪漫的夏日，学校放假了，开车走了，创作去了，携长枪短炮，伴三五摄友，一路慢慢的开着，欣赏着，拍摄着，真享受啊，自然，伟大的自然，让我们投入你的怀抱吧，我们热爱你！

5D Mark II、P模式、100-400镜头、照片风格"风光"，详细设置：反差+5、饱和度+5、白平衡偏移、连拍、手持拍摄。

六、微距模式的实战操作

微距摄影已经形成一个独特的门类。微距摄影拍摄的照片，多是人们用肉眼不常见到或忽略的景物，有较强的视觉冲击力。当然，要想使小物体显得更大，最好使用微距镜头。该模式是想要拍摄近距离花朵或小物体时选择的最佳模式。

问：使用微距模式拍摄时注意什么？

答：一是，选择简单的背景。背景可以是自然的暗区，也可以用天空，或者是人工的卡纸等做背景。二是，尽可能地靠近拍摄主体。注意你使用的镜头的最近对焦距离显示。三是，不要让自己的影子遮挡了拍摄主体。四是，用变焦镜头时选择长焦端，这样可以使主体显得更大。五是，聚焦要精确。方法是先粗略对焦，再构图，再确精确对焦。

问：微距模式一般都拍些什么？

答：微距题材很广泛，盆养的花、厨房菜板上被切开的菜、家中的小饰品、屋檐落下的水滴、楼下草地里的昆虫世界……

问：微距模式能拍人像吗？

答：可以。要注意对焦点的选择，微距拍摄一般景深较浅，如焦点选择不当（过前或过后），都会影响成像质量，一般建议将焦点对在拍摄主体的眼睛。要注意，摄影者与被摄者之间的距离。在光线不足的情况下，最后使用脚架或拿稳你的相机。要获得好的景深效果，还要注意主体与后面背景的距离，如果背景与主体的距离太近，也是没有办法有好的景深效果的。

《生命的质感》 摄影 李继强

操作密码：生命只有一次，对人是这样，对植物也是这样。人就有权利夺取植物的生命吗？它走了，满身的伤痕，一腔的悲情，以这样的生命形式寻找自我的出口，快门声渐渐远去，生命的感动，依然在回忆里沸腾，留给镜头。

EOS 550D、100-400镜头、微距模式。

七、运动模式的实战操作

要拍摄移动的主体，不管是奔跑的孩童还是飞驰的车辆，尽管运动有不同的表现形式，"动"的形成也有很多方法，比如：它可以是轻松的、令人鼓舞振奋的，也可以令人筋疲力尽，甚至是彻底崩溃的。运动模式是你拍摄这些题材的最好的选择。

问：用运动模式拍摄注意什么？

答：一是，时刻用取景框套住运动体，轻点快门随时准备按下快门抓取精彩瞬间。二是，拍摄运动时，长焦镜头是必备之物。虽然这里会有例外，但是您通常还是要在一定的距离外进行拍摄。三是，摄其他的被摄主体时，在按下快门之前，可以尽可能地把画面剪裁得紧凑一些。但与之不同的是，拍摄运动时，稍稍松一点的边框可以提高构图的安全性、提高成功的几率。四是，一定要把分辨率和记录质量设置到最高，这样才能够保证后期制作的质量。五是，掌握两种对焦方法：陷阱式对焦——在运动体的必经之路上选择一个点，预先对好焦，等待运动体一进入焦点范围，就快速按下快门。追随式对焦——用相机的取景框始终套住运动体，在移动追随中按下快门，主体是清晰的，而背景因移动而变得模糊，别有一种表现的味道。

《草原舞者》摄影 李继强

拍摄密码：草原是令人难忘的，人的一生是定要去草原。我已经多次到过草原，每次都有不同的感觉。2009年夏季和朋友们一起驱车再次奔向草原，去追逐阳光、斑斓和宽广。草原之大，草原之宽，一望无际，与天连接在一起。只有这种宽广，才能孕育出长调的悠扬。城市中的压迫感在这里被释放得无了踪影，城市中阴霾在这里被荡涤一清。草原是彩色的，湛蓝如洗的天空飘着朵朵白云，对应的是大地碧绿的旷野，羊群在青草中浮动着白色。天空上的云朵投下阴影，大地的绿色变得深深浅浅，绿色的深浅又伴随云的移动和变化而变化，让无垠的绿野充满了诡异的灵性。远远的地方镶嵌一顶顶的蒙古包，疑似白色的贝壳被遗落在绿海之中，勒勒车压出的车辙随情、飘逸，如同画家笔下飞白。小伙子的骑术让人惊叹，马背舞台上各种惊险动作看的我心直跳，随着快门的欢快声，永远留在问的记忆里。

EOS 550D、100-400镜头、运动模式。

八、夜景人像模式的实战操作

夜景人像模式主要用于拍摄弱光条件下的人像。它的基本设置和夜景模式相同，唯一的不同是，它会使用闪光灯。实际上，这种"闪光灯＋慢速快门"的模式就是我们以前所说过的慢速同步闪光。因为夜景人像和夜景模式相差不大，所以某些数码单反将两种模式整合了起来。当关闭闪光灯时，模式即为夜景模式，当打开闪光灯时，即变为夜景人像模式。

夜景人像模式摄影是融合了夜景模式与人像模式这两种不同曝光类型的一种拍摄模式。主要是利用闪光灯的照明使人物准确曝光，再利用低速快门使背景曝光准确。人物和背景同时准确曝光，避免了通常使用闪光拍摄时出现的背景完全变黑的情况。背景光线较充足，采用夜景人像模式拍摄。利用闪光灯对人物进行补光，使整个画面充分曝光，背景与人物协调统一是该模式的设计目的。

问：拍摄夜景人像应注意什么？

答：一是，尽量选择明亮的背景。二是，闪光灯不要离人太近。三是，使用变焦镜头时一般选择广角端，增加景物面积。四是，使用三脚架，稳定相机。五是，对主体人物对焦。

《摄影教师的PAOS》 摄影 何晓彦

操作密码：EOS 550D、夜景模式、24-70镜头、手持拍摄。

九、A-DEP：自动景深自动曝光

其主要用途在于"拍摄从近景到远景都合焦的照片"。主要用于拍摄合影和风景照，相机使用多个对焦点自动检测最近和最远的主体。什么是"拍摄从近景到远景都合焦的照片"呢？如：对被摄物体全体合焦的微距摄影；希望精确对焦的集体照；风光和人物都合焦的纪念照。

我们知道，微距摄影时，经常会出现背景被虚化的情况，此时用 A-DEP 档就能避免这一点，保证全体都合焦。另外，集体照要求每一个人都非常清晰，拍摄纪念照时大家都希望能将景物与人物都清晰的记录下来，此时 A-DEP 档就有了它的用武之地，不会出现背景模糊的现象。

问：使用 A-DEP 档需要注意什么？

答：使用 A-DEP 档拍摄时，为了使画面全体合焦，会缩小光圈，因此必然会延迟快门速度。因此当快门速度过慢会导致手抖动时，要尽量使用三脚架。手持时要尽量提高 ISO 感光度来应对。

●A-DEP 档下可调部分：ISO 感光度、照片风格、白平衡、自动亮度优化、自动对焦模式、测光模式、驱动模式、内置闪光灯。

●A-DEP 档下不可调部分：自动对焦点的选择、曝光补偿、快门速度、光圈值。

A-DEP 或自动景深模式将自动计算近景和远景间最适合的景深。这很适合于拍摄和相机距离不等的群体对象——一个被摄体离相机较近，其他的一个比一个远。A-DEP 模式有 9 个自动对焦点用来测试远近不同的拍摄物间的距离，并提供足够的景深以对所有的拍摄物进行准确对焦。

《湿地也风光》摄影 李继强

操作密码：A-DEP模式、24-70镜头、从观鸟塔向下俯拍。

《远方的诱惑》 摄影 何晓彦

第八章

创意拍摄模式的实战操作

该章对P档：程序自动曝光，TV档：快门优先自动曝光，
AV：光圈优先自动曝光和M：手动曝光，进行了详细的分析，
解答了初学者拍摄中经常出现的问题。

P档：程序自动曝光

　　相机自动确定快门速度和光圈值组合的拍摄模式。组合值的计算，是根据被摄体的亮度和使用镜头的种类进行的。

　　上面的这个定义好像与全自动档的定义一样啊，没错，可也有不一样的地方，那就是在全自动档状态下，基本什么都不能调整，而P档状态下，什么都可以调整！所以摄影圈里称P档是万能档。

问：能调整光圈吗？

　　答：能。轻点快门按钮，用拨盘就可以看着光圈调整了。因为是程序自动，在调整光圈时，速度也会随之变化。也就是说，调整光圈可以控制画面的清晰范围，可是改变不了原有的曝光量，这相当于AV档状态下的工作。

问：能调整速度吗？

　　答：能。轻点快门按钮，用拨盘看着速度的数字调整就可以了。在调整速度的同时，光圈也会根据现场光线自动变化，也就是说，改变速度只是改变了曝光的时间，而没有改变曝光量，这相当于TV档状态下的工作。

问：想改变曝光量调整什么？

　　答：调整"曝光补偿"。按下曝光补偿按钮，用拨盘向负值方向调整减少曝光，照片就暗下去了，想正值方向调整增加曝光量，照片就亮起来了。

问：拍摄环境较暗，想把速度调整的快一点？

　　答：可以调整ISO感光度。感光度的数字越高，快门速度越快。

问：想拍夜景，用什么功能？

　　答：你的相机的最慢速度可以达到30秒，如果还不够，可以用B门来曝光。

问：想提高画面高光部分细节，调整什么？

　　答：在自定义的菜单选项里，开启"高光色调优先"。这样动态范围就可以从标准的18%灰度扩展到明亮的高光。灰度和高光之间的渐变会更加平滑。拍高调照片和拍婚纱时经常使用这个功能。

问：拍摄的照片比较暗，反差也低怎么办？

　　答：可以在菜单的自定义选项里选择"自动亮度优化"。如果拍摄现场亮度较暗或反差低，亮度和反差会被自动校正，可以在"标准"、"弱"、"强"这三个选项里选择。当然，如果是RAW图像格式也可以用随机软件DPP来处理。

问：在P档状态下，可以设置画质吗？

　　答：可以。我建议你的画质就一次设置成JPEG最大就可以了，不要频繁调整。水平到一定阶段可以调整成RAW+JPEG，学成了以后可以调整成RAW的，用来创作。

问：什么时候用闪光来摄影？

　　答：机顶闪光灯一般两种用法：一是，做主光用，完全靠闪光灯来打亮被摄体，不考虑环境因素。二是，做辅助光用，在逆光下打亮阴影里的主体，也就是我们常说的补光。如果是外接闪光灯，两者都能做到，而且还可以控制发光量，还可以用频闪来进行创意摄影。

问：调整什么能影响曝光量？

答：测光模式。选择不同的测光模式，曝光量的差异很大。这与你选择的不同测光选项有关，这也与你选择测什么地方的光有关。测光选项有："评价"、"局部"、"点测"、"中央重点平均"。一般选择评价得到中间调的图像；选择局部来突出主题；选择点测不同的地方，容易得到高调或低调的图像；中央重点平均测光是偏重于取景器中央，然后平均到整个场景。

问：什么时候用连拍？

答：运动的物体。如人物的表演、体育等。目的是不漏掉精彩瞬间，用拍摄数量保证作品质量。

问：一秒钟能拍多少张？

答：视机型而定。专业的就快一些，业余的一般在 3 张左右，顶级的能达到 10 张以上。多说一句，对于爱好者来说，连拍很少用到，不要去追求连拍数量。连拍快当然好，可是钱也好啊。什么机型连拍多少张有资料可查。

问：能自动包围曝光吗？

答：能。相机可以通过自动更改快门速度或光圈值，连续拍摄 3 张图像，包围的范围可以是正负以 1/3 级单位来调节，自动包围曝光的符号是 AEB。

问：在P档状态下，可以调整白平衡吗？

答：可以。一般初学者都选择自动白平衡。也可以针对现场的光线情况手动调节，可以选择调节图标的方式，也可以选择调节 K 值的方式。当你对拍摄的图像的色彩不满意或者想搞点创作，可以选择白平衡包围曝光，只需进行一次拍摄，就可以同时得到 3 张不同色调的图像，当然向什么方向偏移你可以调整啊。

问：想改变画面效果选择什么功能？

答：选择"照片风格"。

有 6 个选项：

● 选择"标准"的目的是，想让图像显得鲜艳、清晰、明快，全自动模式就是自动设置的该项；

● 选择"人像"的目的是，想较好地表现肤色而且图像显得更加柔和；

● 选择"风光"的目的是，想较好地表现天空的蓝色和植物的绿色；

● 选择"中性"的目的是，拍摄自然的色彩及柔和的图像，准备进行计算机处理；

● 选择"可靠设置"的目的是，图像会显得阴暗并柔和，准备用计算机处理；

● 选择"单色"的目的是，把图像拍成黑白。

还要说一句，上面的只是一级选项，还可以详细设置：在前 5 项里可以设置图像的锐度、反差、饱和度及色调。在单色里还可以增加滤镜效果和色调效果。很多摄影人调整到一级就认为完成了，其实下一级里的很多的微调对图像的风格影响非常大。

《草原的士》摄影 何晓彦

操作密码：把画面拍得很简洁，表现草原的感觉很到位。如果马车的位置在早一点拍摄，效果更好，现在的感觉有点走出画面的感觉，不舒服。

TV档：快门优先自动曝光

在此模式中，您设置快门速度，相机根据主体的亮度自动设置光圈值以获得正确的曝光。这称为快门优先自动曝光。较高的快门速度可以凝固动作或移动主体。或者，较低的快门速度可以产生模糊的效果，给人以动感。初学者的直观选择就是在拍摄运动物体时采用快门速度优先曝光。

具体操作：将快门优先的图标对准标志，在屏幕里选择一档你认为合适的快门速度，就可以拍摄了。

问：什么是快门速度？

答：简单说的话，快门速度表示光线照射图像感应器的时间长短。根据快门结构的不同，其动作及系统也有很大差异。数码单反相机所采用的快门形式为焦平面快门，通过 2 片具有遮光性的快门帘幕的动作来调节曝光时间。

问：快门速度对成像有什么影响？

答：当快门速度提高时，可以将高速运动的被摄体凝固于画面，而当快门速度降低时，将产生被摄体移动。被摄体移动是因快门速度相对于被摄体的运动速度过低所产生的现象。被摄体运动之所以能够凝固于画面，是因为在图像感应器曝光时，快门速度比被摄体的运动速度更快。

在设置时选择不同的快门速度，被摄体的表现效果也不同。快门速度在影响被摄体运动的同时，还通过控制图像感应器受光时间长短来精确控制曝光量。

问：对运动体选择多快的速度，心里没数怎么办？

答：可以采用实验的方式，先估计一个大致的速度，通过拍摄检验，一般快门速度与运动体的速度相等，就可以凝固动体，常用的方法是选择高一点的速度，保证清晰度。

问：镜头焦距与速度是什么关系？

答：镜头焦距越长，要求的快门速度就越高。焦距增加一倍，快门速度就应提高一级，只有这样才可避免因照相机的抖动而使照片拍虚了。

规律是：快门速度是镜头焦距的倒数。如200mm 镜头，快门速度应该是 1/200 秒。

《归来》摄影 何晓彦

操作密码：快门速度对照片效果的影响是很大的。对于运动被摄体，可通过快门速度来控制表现效果。在创作中一般都走两个极端：采用高速快门凝固被摄体或采用低速快门使被摄体出现运动的感觉，对动态加以恰当的表现。该图的运动速度较慢，距离又较远，可以从容不迫的构图拍摄。

AV档:光圈优先自动曝光

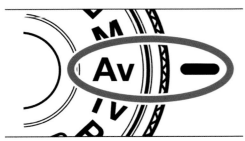

在此模式中,您设置所需的光圈,相机根据主体的亮度自动设置快门速度以获得正确的曝光。这称为光圈优先自动曝光。

较大的 f 数值(较小的光圈孔径)可以将更多的前景和背景纳入可获得的清晰范围。另一方面,较小的 f 数值(较大的光圈孔径)可以将较少的前景和背景纳入可获得的清晰范围。

问:为什么要光圈优先?

答:就是可以优先选择光圈。选择光圈的目的是控制画面的清晰范围。

问:什么是清晰范围?

答:清晰范围就是景深。当你把焦点对实被摄体后,被摄体前后有一段范围是清晰的,不同的光圈设置,清晰范围不一样。

问:什么是景深?

答:景深就是被摄体前后的清晰范围。

问:控制景深有规律吗?

答:有。光圈的数字越多,光圈越小,景深越长。反之,光圈数字越少,光圈越大,景深越短。

问:景深有什么用啊?

答:控制画面的清晰范围啊。

问:能举个例子吗?

答:可以。假如我们拍一朵花,我当然需要花朵清晰,那么就把焦点对到花朵上。我希望仅花朵清楚,其他的景物都模糊,我就可以开大光圈如 F3.5 或 F2.8,数字越少,光圈越大啊,按下快门后,花朵是清晰的,环境是模糊的。换个思维方式,我希望把花朵拍清楚的同时,环境也要清楚,怎么办?把光圈缩小,变成 F11 或 F16,数字越多,光圈越小啊,按下快门后,花朵是清晰的环境也清楚,我的目的达到了。对于人的眼睛来说,是没有这个功能的,是不能把花朵前后看虚的,只有相机的镜头有这个功能。

说句心里话,更改景深应该是你学习摄影要学会的第一个表现方法,这样一下子就和初学者区别开了。

《远古的感觉》摄影 何晓彦

操作密码:小光圈,长景深,把画面拍得清清楚楚。

5D Mark II、P模式、24-70镜头、曝光补偿-0.3

M档：手动曝光

摄影圈也叫 M 档或手动档。该模式的含义就是自己设置快门速度，自己设置光圈，曝光量完全由自己掌握。要设置快门速度，请转动拨盘。要设置光圈值，转动速控转盘。对于初学者我不建议你马上使用 M 档。

问：自己设置光圈和速度，心里没数啊？

答：相机里有一个"标准曝光量指示标尺"，当你轻点快门后，用拨盘调整好速度，用速控转盘调整好光圈，可以看一下该标尺，曝光量标志让你了解你设置的曝光量与标准曝光量之间的差距。可以看着调整一下，就可以拍摄了。

问：什么时候用M档？

答：当自己左右曝光量的时候。夜景或特殊光线如对比反差很大的情况下使用。手动曝光模式的操作虽然比各种自动曝光模式显得复杂一些，但它却可以更加自由地实现对光圈、快门的组合控制，在光线较为复杂的场景下，它有着不可替代的作用。对于已经有了一定经验的摄影爱好者而言，手动曝光是值得花些精力去摸索、掌握的适合摄影个性化表现的有效方式，而且只要勤思多练，其操作也是很容易上手的。

采用"手动曝光模式"后，相机的光圈大小、快门速度都需要进行手动设置，相机内的自动程序会完全"放假"。因此，使用这种全手动模式需要有相当多的摄影经验的积累。在每拍摄一幅照片时，相机的光圈、快门都要根据现场光照情况一一认真设置，有时还需要试拍几张，利用相机的回放功能查看一下效果，再做进一步的修正。

有闲暇时间可以用 M 档自己折磨自己啊，符合"慢乐摄影"精神。

问：M档拍接片的技巧？

答：在接片拍摄的时候，可以用手动功能，设定一组固定的光圈快门组合，可以用这一组合连续拍摄多张曝光条件相同的照片，给后期接片带来方便。

《城市边上》 摄影 李继强

　　操作密码：EOS 5D Mark II、EF100- 400、1/500秒、F 8、ISO100、白平衡自动、照片风格：标准，恶劣天象下的M档操作。

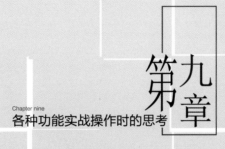

Chapter nine

第九章
各种功能实战操作时的思考

经过前面的一段学习，对相机的基本功能有了一些了解，

这一章我要把学习的结果结合实战，给出思考的脉络，

在实际拍摄中挖掘相机这些功能的潜力。

先给出一个基本的思考路线：这个功能是干什么的？

有多少种选择？希望作品能达到什么效果？

选择的具体操作步骤？

各种功能实战操作时的思考

经过前面的一段学习，对相机的基本功能有了一些了解，这一章我要把学习的结果结合实战，给出思考的脉络，在实际拍摄中挖掘相机这些功能的潜力。

先给出一个基本的思考路线：

这个功能是干什么的？

有多少种选择？

希望作品能达到什么效果？

选择的具体操作步骤？

一、记录画质设置时的思考

问：画质是什么意思？

答：是指记录图像画面的质量。有两个因素决定记录图像画面的质量，一是，文件的格式，二是，文件的大小。

问：文件格式有多少种选择？

答：有两种。一是 JPEG 的。二是 RAW 的。

问：JPEG 的文件格式的含义是什么？

答：这是一种有压缩的文件格式。这种格式的优点是可以节省大量的存储空间，而且可以在计算机里直接使用，还可以直接出照片。缺点是因为是压缩格式，损失画面质量，当然压缩的质量也不是不能接受的。质量与压缩比有直接关系，如 L 的压缩比是 1:4，M 的压缩比是 1:8，S 的压缩比是 1:16。压缩

比越大，画质损失越多。初学者一般选择 JPEG 的文件格式，因为基本不用计算机处理啊。

问：RAW 的文件格式的含义是什么？

答：RAW 图像是由图像感应器输出的数据，它被转换为数字数据后以原样记录在存储卡上。RAW 是一种图像文件类型的名称，记录由相机的图像感应器获取的未经过任何处理的图像数据；之所以如此命名是因为数据是未加工过的。

必须用随机提供的软件处理，RAW 显像后图像才能使用。

看图，明白一下 JPEG 与 RAW 图像生成的原理和区别。

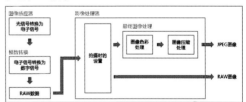

我来解释一下，快门按钮按下，光线通过镜头有控制的照射到图像感应器上，感应器把光信号转换为电信号，又通过模数转换为数字信号，最后生成 RAW 数据，然后传输至影像处理器加上拍摄时的设置，出现两条路线：一条直接存储到存储卡，生成的是 RAW 图像；另一条路线对图像进行色彩处理和压缩处理，生成 JPEG 图像。

RAW 图像是没经过最终图像处理的原始图像，这样给后期处理带来很大余地，如果后期计算机技术过关的摄影人，选择 RAW 在软件里对色彩精细处理，就很容易得到高质量的图像，从而避免二次处理带来的图像劣化。

问：图像格式的两种选择方法？

答：在菜单里选择的方法：按下菜单键，用速控转盘选择"画质"，按下 SET 确认键，在出现的菜单里用速控转盘选择。

另一种选择的方法是在速控屏幕里选择：轻点快门按钮激活相机，用多功能键垂直按下，出现速控屏幕，在屏幕里用多功能键选择画质，被选中的会改变颜色，然后按 SET 按钮确认，出现画质菜单，用快门画面的拨盘选择 RAW，用速控转盘选择 JPEG 及像素量。

问：文件大小怎样选择？

答：我建议不管你是选择 RAW 还是 JPEG，图像都选择"最大"。理由很简单，最大的图像质量最好，尤其是初学者，给后期留出剪裁的余地。选择方法也很简单，在画质菜单里用速控转盘转动选择第一个就可以了。

问：我拍的照片准备上网用怎么设置？

答：如果仅是上网用，不做它用，就没有必要设置成最大，可以选择最小的 S，文件量仅 1M 就可以了，可是你要注意拍摄完后要还原为最大，避免下次拍摄文件量过小。我拍摄的照片也经常上网用，我的做法是在计算机里改变文件的大小，而很少在拍摄时设置小文件。

问：我希望拍摄的照片出大片怎么选择？

答：选择 RAW 格式，文件量选择最大。

问：我现在正在学习摄影，选择哪个选项？

答：可以选择 JPEG 格式，当然文件量还是选择"最大"为好。还可以选择"RAW+JPEG 优 / 最大"理由是，虽然现在的计算机水平不高，可是在学习啊，等提高后在处理 RAW 的啊。

问：怎样选择具体的操作步骤？

答：第一步，打开菜单

按下相机后面的 MENU(菜单)按钮，出现菜单画面，用方向键选择第一个选项，然后用速控转盘选择"画质"，按下 SET 确认键，出现下拉菜单画面；

第二步，选择图像记录画质

要选择 RAW 设置，转动相机顶部快门后面的拨盘。

要选择 JPEG 设置，转动相机后面的速控转盘。

选择完成后按下 SET 确认键设置所选画质。

设置举例：我想设置成"RAW+JPEG 优 / 最大"怎么操作？

打开菜单，用拨盘先选择 RAW，然后用速控转盘选择 JPEG 里的"优 / 最大"，按 SET 确认，就完成了。

可以检验一下，方法是，拍摄一张照片，在回放画面里的左下角，会显示"RAW+ 优 / 最大"图标。

《年年期盼的季节》摄影 吕善庆

操作密码：雪乡曾经是摄影人向往的拍摄圣地，高度的商业开发，原始的味道越来越淡。去雪乡拍雪主要拍剖面，今年雪小，只好把镜头对准民俗了。

EOS50D、RAW格式、后期在DPP里处理。

二、照片风格设置时的思考

照片风格
选择按钮

问：照片风格是干什么的？

答：照片风格的"标准"、"风光"和"人像"等选项，实际就是图像色彩的选项，即一种可轻松选择照片氛围的方便功能。

问：照片风格有多少种选择？

答：基本的选择有六种。它们是"标准"、"人像"、"风光"、"中性"、"可靠"、"单色"，在 600D、5D Mark III 等机型里还有"自动照片风格"选项。

问：希望作品能达到什么效果？

答：摄影人有时候的想法很简单，如希望天空蓝点，希望树叶绿点，希望人像脸的肤色正常点、柔点等。这些效果在照片风格里都能实现。

问：我要选择哪个选项？

答：要理解各个选项能达到的效果，是选择的依据。

问：我想在计算机里处理这些照片，选择哪个功能？

答：选择"标准"、"中性"或"可靠"都可以。

问：选择的具体操作步骤？

答：第一步，找到相机后面的照片风格按钮。当相机处于拍摄状态时，按下照片风格按钮，将会出现照片风格屏幕。第二步，选择一种照片风格。转动快门后面的拨盘或使用速控转盘选择一种照片风格，然后按下SET确认键。第三步，拍摄检验效果。

问：还有别的操作方法吗？

答：还有另外一种选择方法，就是在速控屏幕里用多方向键（垂直按下）选择照片风格，然后用速控转盘选择某一个效果，按确定就可以进行拍摄了。

问：还能详细设置吗？

答：还能详细设置"锐度"、"反差"、"饱和度"、"色调"。

问：能不能举例说明一下？

答：可以。照片风格的名称和最终的效果是一致的，拍摄者可根据被摄体选择自己想要的照片风格。如人像这个选项，这是能够再现女性和儿童肌肤色彩以及质感的照片风格，拍摄妇女或小孩非常有效。比起标准来说，它能让肌肤看起来更柔滑，还能让肌肤呈现明亮的粉红色。平滑的皮肤色调可以较好地表现肤色，使用较低的锐度，也可以使图像显得更加柔和。

我们还可以使用照片风格中"详细设置"下的"色调"参数来进行自定义，可以对红色到黄色范围内的色彩进行调整。此项设置对进行肤色精细调整有显著效果。

操作方法如下：按下照片风格按钮，选择人像，然后按下 INFO. 按钮，出现"详细设置"菜单，有四个选项，转动速控转盘，我们选择"色调"，按下 SET 设定键，然后转动速控转盘调节所需参数，色调的参数是从 -4 的偏红肤色到 +4 的偏黄肤色共 8 种颜色，你刚开始不知道选第几档是什么效果，你可以先选定一种，试拍几张看效果。当你逐个试过后，该色调参数的效果就会变成你的思维的一部分，下次要用时，心中就有数了。选定参数后按下 SET 设定键，最后按下菜单键（MENU）保存调整后的参数。照片风格选择屏幕重新出现，而且不同于默认设置的设置都显示为蓝色。

问：请举一个"风光"的例子？

答：风光这个选项，它是名副其实的最适合拍摄风景的照片风格。"风光"照片风格传达的是将风景重现眼前的感受。锐度和对比度都比较高，能鲜明地将绿色～蓝色系色调表现得很浓。即使是远景的细节也能清晰呈现。

选择风光后，还可以使用"详细设置"下的四个选项锐度、反差、饱和度、色调参数来进行自定义，可进行正、负 8 档范围的调整。一般拍风光锐度、反差可以增加 2 档，饱和度、色调一般增加 1 档。你可以试啊，其实你的感觉最重要，可能刚开始没什么感觉，反差大点小点，色彩浓点淡点，感觉不太强烈，多拍多体会，慢慢就敏锐起来了，感觉就会清晰起来的。此项设置的精细调整对你的个性显示及照片风格有显著效果。

《人在山水间》摄影 肖冬菊

操作密码：雾气升腾的远山，倒影静静的，人在大自然面前显得那么渺小。
EOS 5D Mark II、EF28- 300、照片风格：风光、手持拍摄。

三、速控屏幕操作设置时的思考

速控屏幕是相机为方便大家改变相机设置操作的功能，很多功能的设置都能在屏幕里实现，初学者也包括我们，都应多选择这个功能来改变相机目前的设置，速控，又快又直观，省去很多按钮和菜单的繁琐操作。

我选择了 5D Mark II 的速控屏幕来举例，大家一看就明白了，每个功能都标记了说明书的页数，便于仔细研究。

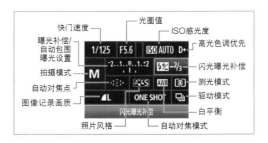

问：什么是速控屏幕？

答：速控屏幕是在相机后面的液晶监视器上显示拍摄设置，让你可以快速选择和设置功能，这称为速控屏幕。该屏幕里有 15 个大项可以选择操作，在某些选项里还可以详细做细微调整，是拍摄现场首选的操作设置工具。

问：速控屏幕如何操作？

答：打开相机的电源开关，垂直按下多功能键，液晶屏上出现速控屏幕。用多功能键选择选项，再用速控转盘或拨盘改变设置，在屏幕底部显示所选功能的简要介绍。最后轻点快门进入拍摄状态。

《点缀风景的摄影人》 摄影 肖冬菊

操作密码：摄影人是自然景色的拓荒者、采集者、传播者，也是其它摄影人的构图比例。

EOS 5D Mark II、EF28-300、照片风格：风光、曝光补偿-0.3、手持拍摄。

四、快门速度设置时的思考

问：什么是快门？

答：快门是一种让光线在一段精确的时间里照射感光材料的装置。"一段精确的时间"指的是相机里的计算机根据光线的强弱自动设置的或人工设置的曝光时间。简单说，快门是在设定好了的时间里打开和关闭快门帘幕的装置，它的外在表现为按钮形式。

问：什么是速度？

答：速度表示物体运动的快慢程度。在摄影里被摄体分两类：一类是静止不动的如山峦、树木、建筑等。另一类是运动的，如走动的人，交通工具等。用速度凝固瞬间是摄影的特点，你设定的速度与被摄体的移动速度相等或更快，物体就会清晰的被瞬间凝固，如果设定的速度慢也就是说低于被摄体的移动速度，影像就不清晰，就会模糊。通常快一级的快门速度是慢一级的快门速度的1/2，即曝光时间减半。例如 1/2s，1/4s，1/8s，1/15s，1/30s，1/60s，1/125s，1/250s，1/500s，1/1 000s，1/2 000s，1/4 000s，1/8 000s。

问：佳能相机最慢的速度是多少？

答：现在佳能 EOS 系列在速度上最慢都能达到 30 秒、B。

问：B 是什么意思？

答：还有重要的一档速度就是 B，摄影圈里俗称 B 门。它是长时间曝光装置，多长？只要按住快门不抬手，可以按你的意图想多长就可以多长。B 门一般拍夜景、焰火、天体以及其他需要长时间曝光的题材时使用。

问：B 门的具体操作方法？

答：模式盘上有 B 的，转动对准标志。模式盘上没有 B 标志的，可以半按快门后，转动主拨盘或十字键，将速度往慢速度方向调，直到出现 buLb（B 门标志）。拍摄时按住快门按钮期间将持续曝光，在液晶显示屏上会显示已经过的曝光时间。

问：晚间看不见怎么办？

答：夜间看屏幕可以打开灯光按钮，按下一次照明时间持续 6 秒。

问：灯光按钮在什么地方？

答：这么简单的问题你也问，就在快门旁边，看看相机就知道了，哈哈。

问：改变快门速度能改变曝光量吗？

答：不能。在 P、AV、TV 档的状态下，快门速度和光圈是联动的，改变快门速度，光圈也会根据现场光线自动调整。

问：相机在什么状态下改变快门速度能改变曝光量？

答：只有在 M 档时能。因为快门速度和光圈是由人工分别来调整的。

问：什么情况下用高快门速度？

答：想清晰凝固被摄体时。快门速度与被摄体一样快或快于被摄体的运动速度都可以达到目的。如奔跑的烈马，在中距离平行拍摄一般需要 1/250 秒，设置到 1/500 秒稳当拿下。

问：什么时候用慢速度？

答：光线不足时，或想用慢速度来表现时。如摄影人经常用慢速度来表现流水等题材，可以设置到 1/2 秒或更慢，来制造水的柔化感觉。

问：我拍的流水柔化效果怎么也出不来？

答：主要解决速度如何慢下来的问题。

一是流水的速度，流速越快，越容易柔化，快门速度也可以稍快一些。

二是光线的强度，光线太亮，快门速度慢不下来，水就不容易柔化。

解决方法有三：一是可以把光圈开大，让速度慢下来，如果光圈开到最大了，速度还慢不下来，怎么办？可以采用第二个方法，就是加灰镜、偏振镜或渐变镜来阻光，达到速度慢下来的目的，如果还不行，就只能选择阴天或等待傍晚天空暗下来再拍了，因为那时的光线较弱，速度想不慢都不行。

问：追随摄影时速度怎样设置？

答：追随摄影是利用相机与运动体一起移动，在移动中按下快门，造成主体清晰，背景拉出模糊线条的拍摄方法。速度一般设置在 1/60 秒，速度太慢会造成主体模糊，速度太快背景又太清晰。用该方法一般选择高速运动的物体拍摄，如飞驰的汽车、摩托车比赛等，运动体运动速度慢不容易出现效果。

具体设置速度的方法：可以在 P 档下用拨盘看着速度调整；也可以用 M 档设置自己满意的速度；TV 档也是选择的方法之一，把模式盘调到 TV 档，用速控转盘选择一档速度。

《偶遇》摄影 何晓彦

操作密码：在阳光明媚的春日，选择刚刚吐绿的枝条，把现代高科技的喷气飞机和原始自然的生命，在某一个空间的时间交叉点上，快门一声叹息，一次偶遇变成了永恒。喷气飞机在头顶飞过的经历，几乎每个摄影人都有，很多摄影人也尝试表现这一现象，我的方法是，发现飞机，延着飞机的飞行方向，迅速选择前景，并对好焦点，等待飞机进入画面，按下快门，我把这个方法叫做"陷阱式构图"。

EOS 5D Mark II、EF24-70、A 档 F8、单点手动自动对焦、照片风格：风光、连拍三张择一。

五、光圈设置时的思考

问：什么是光圈？

答：是相机镜头中由几片极薄的金属片组成，形成不同口径的孔洞，中间能通过光线的装置。

问：相机设置光圈干什么用？

答：通过改变孔的大小来控制进入镜头的光线量。光圈开得越大，通过镜头进入的光量也就越多。光圈的值通常用 F2.8，F3.5，F5.6，F8，F11，F16，F22 等来表示，能看出有个规律吗？和速度一样每档光圈都比前一档进光量少一半。数字越多，光圈越小，进光量越少，数字越少，光圈越大，进光量越多。当快门速度不变时，合适的光圈大小能带来正常的曝光。如果光圈过大，会导致曝光过度，过小则会导致曝光不足。

《快乐的跃动》 摄影 吕乐嘉

操作密码：凝固快乐，把快乐变成永恒。拍摄纪念照有时候摆布和导演也很重要，能调动和激发被摄者的情绪，也是摄影师能力的体现。

问：光圈的主要的作用是什么？

答：光圈有三个作用。

一是，控制进光量。

前面说过通过改变孔洞的大小来控制进入镜头的光线量，这是光圈的主要作用。由于光圈有控制镜头进光量的作用，在暗弱的光线下拍摄，需要使用大光圈，以获得更多的光量；而在明亮的场合，则使用小光圈不至于曝光过度。总之，可以通过光圈的调节，达到准确曝光的目的。

现在 EOS 系列曝光已经不是问题了，自动化程度非常高。如 P 档的程序，光圈和速度自动组合，相机会判断现场光线自动给出。在 Av 档时当你确定一个光圈后，速度就会自动给出来。还有 Tv 档，设定一档速度，光圈就会根据拍摄现场的光线强弱自动给出。在控制进光量的问题上，在也不用估计、判断、大概了，就是你把模式设定在 M 档，也就是我们常说的手动档，自己调整光圈和速度，在取景器里也有曝光量指示标尺，提醒你的设定是曝光多了，还是少了，显示的非常清楚明白。

二是，控制景深。

光圈的作用除了控制进光量外，另外一个很重要的作用是控制拍摄画面的景深。景深的含义是，当你把焦点对在被摄体上时，被摄体前面与后面的清晰范围就是景深。光圈在景深上起关键作用，光圈大如 F2.8，被摄体前后的清晰范围就短，景深就浅。光圈缩小如 F16，被摄体前后的清晰范围就大，景深就长。

控制景深是摄影的基本技术，也是摄影的主要表现方法，拿浅景深来说，把没用的语言控制在清晰范围之外，突出主体，把前后背景的模糊作为主体的衬托，是表现的需要。浅景深对应的是大光圈。而喜欢拍风光的就特别偏爱长景深，画面从近处到无限远都清晰，大景深对应的是小光圈。

三是，控制像质。

由于光学原理和制造成本的限制，摄影镜头在全开光圈时的像质并不是最佳的，通常在收缩光圈后，像质有明显的改善。每个摄影镜头都有一个或者多个最佳光圈，在这些最佳光圈下，画面的质量达到最好，分辨率高、反差均衡等。不同的镜头，最佳光圈的位置也不尽相同。一般而言，最佳光圈出现在最大光圈收缩 2 档或者 3 档的位置。比如最大光圈为 f/2.8 的镜头，最佳光圈为 f/5.6 或者 f/8。

问：速度与光圈是什么关系？

答：是"互易"关系。实际曝光量的多少是有两个因素决定的。一个是快门速度，另一个是光圈，它们是互易关系。

什么是互易关系？我来解释，先说快门速度，快门速度通过秒或几分之一秒来表示时间的长短。所有的单镜头反光照相机至少都有以下的快门速度：1，1/2，1/4，1/8，1/15，1/30，1/60，1/125，1/250，1/500，1/1 000 秒，1/2 000 秒和 1/4 000 秒。看了上面一系列的快门速度会发现，每一个快门速度都是前一个速度的一半，而是后一个的一倍。例如，1/125 秒是 1/60 秒的一半，而是 1/250 秒的一倍。它们都相差一"档"，每一档都相差一半或一倍的时间。

再说光圈，镜头的光圈大小，同样用档位来表示，使用 f 档的数值表示。如 F2.8，F4，F5.6，F8，F11，F16，F22 和 F32。每一档光圈相对于它前后的档位，只能让一半或一倍的光线通过镜头。

快门速度和光圈大小一起配合可以控制有多少光线可以到达 CCD 上，而且这两个因素必须要同时考虑。它们都是以档位的方式工作的，而且是相互关联的，我们称之为"互易关系"，有的教科书也称为"互易率"。一旦可以确定正确的曝光需要的光线总量，快门速度和光圈大小中的任何一个发生了改变，都可以很快的根据互易关系确定另一个应该设置的值。在照射到 CCD 的光线总量不变的情况下，一档快门速度的改变等同于相反方向上一档光圈大小的变化。也就是说把快门和光圈中的一个减半，而把另一个加倍，通过镜头照射到 CCD 的光线总量，也就是曝光量是一样的。

结论，你可以用慢速快门加小光圈或者用快速快门加大光圈，两种方法得到的曝光量是一样的，但是两种方法在成像的效果上是不一样的，这是我最想说的，什么不一样了？景深！画面的虚实关系，画面的表现效果。

《空灵的界河》 摄影 肖冬菊

操作密码：EOS 5D Mark II、EF28-300 镜头、手持拍摄，界河那边是朝鲜。

六、ISO感光度设置时的思考

问：什么是感光度？

答：就是图像感应器对光线的敏感程度。ISO50 对光线较迟钝，可是画面的质感好。ISO100，ISO200，ISO400 敏感程度中等，是常用的。ISO800，ISO1 600 是高速档，对光线极其敏感，一般在恶劣光线下使用。ISO3 200，ISO6 400，ISO12 800 这些档不常用，噪点多，画面粗糙，用这些档是没办法的办法。

问：感光度对快门速度有影响吗？

答：感光度的提高可以增加快门速度，如 ISO100 时速度是 1/60 秒，提高到 ISO200 时速度就变成了 1/125 秒了，再提高到 ISO400 时速度就变成 1/250 秒，如果 ISO800，速度就是 1/500 秒！看没看出规律来，光圈、速度、感光度都是按一定级别成倍数递增或递减的，这就为我们调整曝光量的同时灵活使用光圈和速度提供了可能。

问：感光度设置到自动"Auto"可以吗？

答：当然可以。它的原理是当光线较暗或变化时自动调整感光度。

问：你一般都怎样设置感光度？

答：我一般都把感光度设置到 ISO100，尽量减少噪点。当然，需要调整时如需要提高快门速度也会提高感光度来操作的。说句悄悄话，噪点是不管多大感光度都会出现的，只不过我们的肉眼的分辨程度感觉不到而已。

问：你有过使用高感光度的极端的例子吗？

答：有。拍冰灯时就用过 ISO6 400，效果还是可以接受的。

《冰灯的变奏》 摄影 李继强

操作密码：冰灯是北方摄影人每年必拍的题材，出新是思考方向之一。面对几乎雷同的画面，在 ACDSee Pro 3 里进行了处理，这是滤镜里的倒影效果，把单调的冰灯"艺术"了一下。EOS 5D Mark II、EF24-70 镜头、ISO3200、手持拍摄。

七、高光色调优先设置时的思考

问：D+ 这个符号的含义？

答：是高光色调优先的意思。该功能把动态范围变大，能提高高光部分的细节。动态范围从标准的18%灰度扩展到明亮的高光。灰度和高光之间的渐变会更加平滑。在拍摄雪景和天空时特别有效果。可设置的感光度范围为 200-6 400。

问：什么是动态范围？

答："动态范围"可以这样理解，就是指能将画面里，从水面的反射到树木的影子、白色的雪地高光到黑色的石头等，这些高明暗差的被摄体还原到何种程度的能力。

问：什么时候用这个功能？

答：拍摄的场景明暗反差大的画面；画面里有人而且处于逆光时；拍摄风光照片时等。说白了就是看你需要什么样的画面效果来决定的。

果来决定的。

问：高光色调优先的具体设置怎样操作？

答：在菜单的的自定义设置里找到 C. Fn
Ⅱ-3 高光色调优先，把关闭调成开启，屏幕
上就会显示 D+ 符号。

问：在速控屏幕里可以设置吗？

答：在速控屏幕里出现的选项都可以设
定，就是 D+ 不能设定，必须到菜单里去设置。

《坝上的云》摄影 何晓彦

操作密码：到坝上，一切都那么真实，那
铺天盖地、惊心动魄的云，威风八面地布满整
个天空，让人顿生敬畏。用 5D Mark Ⅱ、
EF24-70 镜头，风光模式是必须的，增加饱和
度是适当的。蹲下身去，慢慢抬起镜头，那辽
远的，深邃的，洁净神圣的，湛蓝的天幕，留
在记忆的底片上。

八、P模式设置时的思考

问：什么是 P 模式？

答：P 是拍摄模式，书面语言叫程序自
动曝光，俗称 P 档。相机自动设置快门速度
和光圈值，以适应主体的亮度。这称为程序
自动曝光。

问：P 模式什么时候用？

答：P 模式是万能模式，无论拍摄什么都
可以用此模式。而且在该模式下凡是相机可
以调整的都可以按自己的意图调整设置。

问：P 的右边出现"米"符号什么意思？

答：这是"程序偏移"显示。

问：请详细说明一下？

答：程序偏移的解释：什么是程序？就
是为实现预期目的而进行操作的系列指令。
换句话说，就是为使计算机执行一个或多个
操作，执行某一任务，实现特定意图或解决
特定问题按序设计的，用计算机语言编写的
命令序列的集合。

程序偏移也称柔性程序或弹性程序，是
指摄影者能够根据需要，自由变更相机自动
设置好的光圈值和快门速度组合的功能。

如何操作？只需半按快门按钮，转动主
拨盘，即可改变光圈值和快门速度的组合，
而且程序偏移的组合都是标准曝光的组合，
不会影响照片的亮度。还是没有看懂？是的，
以上就是说明书的语言，我来举个例子，当
你把模式调到 P 档，对准被摄体半按快门，
在机顶显示屏上会出现一组光圈和速度值，
如 F4，1/250 秒，你如果对相机给出的这组
曝光设置不满意，比如说你认为光圈太大了，
理由是光圈大了，清晰范围就小了，对整个
画面的细节表现不够。这时候你就可以用"程
序偏移"这个功能来改变上述组合。

操作方法：半按快门激活相机，转动主
拨盘，你会看到光圈和速度的组合在改变，
刚才你认为是光圈太大，就调整光圈，转动
主拨盘，把光圈调到你满意的数值，如 F11。
你把光圈缩小了，清晰范围就大了。可能你
会担心曝光的问题，没关系，"程序偏移的
组合都是标准曝光的组合，不会影响照片的
亮度。"，你会看到，当你调整光圈时，速度
也在改变，他们是组合的。刚才相机曝光的
原始状态是 F4，1/250 秒，你把光圈缩小变

成了 F11，相机就会自动把速度变慢，调整到 1/30 秒。曝光量还是那些，可画面的清晰范围却大了，这就是程序偏移的好处。

问：P 档时都可以调整什么？

答：光圈值、快门速度、ISO 感光度、白平衡、曝光补偿、照片风格、对焦模式、驱动模式、测光模式、包围曝光、闪光控制、实时显示拍摄、自定义功能等。总之一句话，凡是能调整的，在 P 档状态下都可以调整。

问：说说 P 模式的操作方法？

答：三个基本步骤：

一是，将模式转盘对准 P。相机会自动配合被摄体的亮度来设置显示快门速度和光圈值。

二是，半按快门对焦。拿 5D Mark II 来举例，你通过取景器可看见 9 个对焦点，只要被摄体上有一个点合焦，闪烁红光，并且在取景器里边的右下角有合焦确认指示灯亮起，就可以把快门按到底拍摄。这种对焦方法是单次自动对焦 + 自动焦点选择的方法。

三是，完全按下快门拍摄。

问：可以手动选择自动对焦点吗？

答：当然可以。手动选择自动对焦点的三个操作步骤：

一是，在机身后面右上角，找到"自动焦点选择按钮"，按下；

二是，要选择一个自动对焦点时，可转动主拨盘或十字键或多功能按钮或速控转盘，来选择自动对焦点。当你转动选择时，9 个对焦点会按逆时针方向跳动，直到焦点的位置你满意为止。

三是，在完成拍摄后恢复设置。在手动选择自动对焦点进行拍摄后，应恢复自动对焦点设置。当所有的自动对焦点都点亮一下后，表示成为对焦点自动选择模式。也可选择中央对焦点等，以方便进行下次拍摄。基本位置的选择要看个人的喜好来决定。

《不屑一顾》摄影 何晓彦

操作密码：用人的行为来看动物，得到这个画面。摄影是智慧活动，尤其在标题的运用上。用 5D Mark II、EF24-70 镜头、P 档、选择较大光圈 F3.5、连拍。

九、Av模式设置时的思考

摄影圈也称 A 档，是光圈优先自动曝光。在该模式下，要根据拍摄意图先确定光圈的大小，速度会随着现场的光线自动设置。

问：为什么要先选择一档光圈？

答：还是画面的虚实关系的控制问题。首先由拍摄者确定光圈值，然后再由相机根据现场的光线情况自动决定快门速度。适于拍摄非运动被摄体。由于拍摄者可以选择光圈值，因此更容易控制画面的景深。如用较大的光圈，如 F2.8，控制背景虚化效果。当然，还可以用较小的光圈如 F22，把更多的前景和背景拍摄下来，获得大的清晰范围。

问：Av 模式的具体操作？

答：将模式转盘对准 Av；

半按快门按钮，自动设置的光圈值将出现在屏幕里；

注视液晶显示屏的同时，使用主拨盘对光圈值进行变更，快门速度会根据现场光线的强弱自动调节。观察液晶显示器上菜单的显示，根据拍摄意图调整光圈。光圈调大，如 F3.5，速度会变快；光圈缩小，如 F16，速度会变慢。

问：F 是什么意思？

答：代表光圈的符号。

《静》摄影 何晓彦

操作密码：静，是每个人都需要的，尤其是长期生活在喧闹的城市里的人们。怎么表现静？每个人的方式都不会一样，可感觉静的方式都一样，那就是来自心灵深处的不愿苏醒的梦。静是一种距离，静是一种恐惧，静是一种体验，静是一种内心的独白。静，不是没有声音，而是江水轻轻拍打船舷，风儿轻轻摇曳枝条，静，像空气甜美着身心，浪漫着思想。

用 5D Mark II、EF24-70 镜头、P 档、精心构图，后期用加深工具压暗边角。

十、Tv 模式设置时的思考

摄影圈也称速度档，Tv 表示时间值，这里是指速度优先自动曝光。在此模式中，与光圈优先自动曝光相反，首先由拍摄者确定快门速度，然后由相机根据现场的光线决定光圈值。适于需要在画面中表现动感时使用，具有易于表现被摄体动与静的优点。光圈与快门不仅具有调节光量的功能，与照片的表现效果也有着密切联系。

问：什么时候用较快的速度？

答：较高的快门速度可以凝固动作或移动的主体。该模式适合拍摄动体。

问：什么时候用较慢的速度？

答：较低的快门速度可以产生模糊的效果，给人以动感。

《引领快乐》摄影 吕善庆

操作密码：出去采风，全幅武装，长枪短炮，不创作出点作品誓不罢休，有点严肃，也有点累！我认为，娱乐应该是摄影的第一属性。看，在雪乡的雪地上，老师领着玩的多开心啊！换个角度来看，这也是摆拍的一种表现，结果是被后面的摄影人"渔翁得利"了。

用 EOS 50D、18-200 镜头、抓拍。

十一、白平衡设置时的思考

问：什么是白平衡？

答：白平衡的基本概念是"不管在任何光源下，都能将白色物体还原为白色"的功能。数码相机只要在拍摄白色物体时正确还原物体的白色，就可以在同样的照明条件下正确还原物体的其他色彩，因此称为白平衡调整。白平衡其实就是色彩管理系统。

白平衡是摄影的基本要素之一，但很多数码相机用户都没有完全理解它，更谈不上灵活运用。不过白平衡是非常值得花功夫学习的，会对你拍摄的照片有非常大的影响。影响什么？照片的色彩！白平衡可以保证照片的颜色准确。不同的数码相机有着不同的调节白平衡的方式，你需要阅读相机的说明书，学会如何利用白平衡设置来改变作品效果。

问：有多少种选择？

答：它分为自动和手动调整，一般情况下自动白平衡就足以应付了。自动白平衡在很多情况下运行得不错，不过在一些特殊光源下就会失效。手动更准确一些且调整范围更大。

问：图标的含义请解释一下？

答：其实调整图标和色温数字效果是一样的，习惯用哪个都可以。

●日光：该模式适合在室外日光下使用，色温一般在 5 200K。

●钨丝灯：该模式适用于在室内灯泡环境下拍摄，尤其是在钨丝灯环境中，相机会降低照片的色温。

●荧光灯：这个设置会对荧光灯的冷色温进行补偿，提高照片的色温。

●多云：这项设置会将照片的色温提升得比日光模式多一些。

●闪光灯：相机闪光灯会发出较冷的光，闪光灯白平衡模式会提高照片色温。

●阴影：阴影下的色温一般都比阳光直射下的色温冷，所以这个模式也会提高照片色温。

《潺潺的细语》摄影 李继强

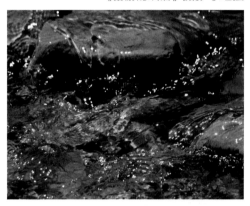

操作密码：给我的感受是那么美妙，它唱着山歌，向太阳抛着媚眼，在这炎炎夏日，带着美好传说，一路向浪漫的花湖游去。水的清澈、坦荡是我按下快门的理由。

用 5D Mark II、EF24-70 镜头、1/1 000 秒。

十二、自动亮度优化设置时的思考

问：自动亮度优化什么意思？

答：提高高光细节。动态范围从标准的 18% 灰度扩展到明亮的高光。灰度和高光之间的渐变会更加平滑。当你希望作品能达到中间调时，可以使用该功能。

问：自动亮度优化的设置操作？

答：按下菜单按钮，用多功能键选择第八个大选项，选择 C.Fn Ⅱ：图像，按下 SET 键，在出现的菜单里用速控转盘选择。

十三、长时间曝光降噪功能设置时的思考

问：这个功能是干什么的？

答：长时间曝光降噪啊。多长？底线是 1 秒或更长。

问：有多少种选择？

答：有三种选择。

一个是"关"，因为长时间曝光后降噪处理需要时间，一般降噪时间和拍摄时间一样长，很多摄影人选择关闭。

二是"自动"，对于 1 秒或更长时间的曝光，如果检测到长时间曝光噪点，会自动执行降噪。该"自动"设置在大多数情况下有效。

三是"开"，对所有 1 秒或更长时间的曝光都进行降噪。该"开"设置对使用自动设置无法检测到或降低的噪点可能有效。

问：怎么选择？

答：按下菜单按钮，用多功能键选择第八个大选项，选择 C.Fn Ⅱ：图像，按下 SET 键，在出现的菜单里用速控转盘选择。

十四、高ISO感光度降噪功能设置时的思考

问：这个功能是干什么的？

答：降低图像中产生的噪点。虽然降噪应用于所有 ISO 感光度，但是高 ISO 感光度时特别有效。在低 ISO 感光度时，阴影区域的噪点会进一步降低。改变设置以适合噪点等级。

问：有多少种选择？

答：标准、弱、强、关闭。我一般选择标准。

问：怎么选择？

答：按下菜单按钮，用多功能键选择第八个大选项，选择 C.Fn Ⅱ：图像，按下 SET 键，在出现的菜单里用速控转盘选择。

十五、色彩空间设置时的思考

问：这个功能是干什么的？

答：色彩空间指可再现的色彩范围。相机可以将拍摄图像的色彩空间设为 sRGB 或 Adobe RGB。对于普通拍摄，推荐使用 sRGB。

问：你用哪种选择？

答：我用 Adobe RGB。理由是，我拍摄的照片大部分用来做摄影书的插图，这样有利于 CMYK 的分色与印刷。

《太阳岛的夏日》摄影 何晓彦

操作密码：5D Mark Ⅱ、EF14/2.8 L Ⅱ USM 镜头、F11、1/1 000 秒

小技巧一束

图片大小有多大设多大；

ISO 感光度有多低设多低；

WB 白平衡一般设为自动；

需要后期处理选择 Adobe RGB；

根据拍摄题材选择拍摄模式；

手持拍摄尽量少用最长焦距以避免机震；

光线弱时要用闪光灯补光；

尽可能避免逆光拍摄；

光线不足或晚上拍摄最好用三脚架。

十六、自动对焦设置时的思考

问：什么是自动对焦？

答：自动对焦是利用物体光反射的原理，将反射的光被相机上的传感器接受，通过计算机处理，带动电动对焦装置进行对焦的方式叫自动对焦。

问：佳能单反在自动对焦上有多少种选择？

答：有三种选择。

一是，单次自动对焦，屏幕显示的符号是 ONE SHOT。适合拍摄静止主体。半按快门按钮时，相机会实现一次合焦。合焦时，合焦的自动对焦点将闪烁红色，取景器中的合焦指示灯也将亮起。评价测光时，会在合焦的同时完成曝光设置。只要保持半按快门按钮，对焦将会锁定，然后可以根据需要重新构图。在 P、Tv、Av、M、B 的拍摄模式下，还可以通过按下 AF-ON 按钮进行自动对焦。

二是，人工智能伺服自动对焦，屏幕显示的符号是 AI SERVO。适合拍摄运动主体。该模式适合对焦距离不断变化的运动主体，只要保持半按快门按钮，将会对主体进行持续对焦。曝光参数在照片拍摄瞬间设置。也可以在 P、Tv、Av、M、B 的拍摄模式下，通过按下 AF-ON 按钮进行自动对焦。

三是，人工智能自动对焦，屏幕显示的符号是 AI FOCUS。可自动切换自动对焦模式。如果静止的主体开始移动，人工智能自动对焦将自动从单次自动对焦切换到人工智能伺服自动对焦。一般的摄影人都喜欢用单次，人工智能自动对焦这个功能为拍摄提供了方便。

问：可以手动对焦吗？

答：可以。手动对焦是在自动对焦失败时的一种补救方法。具体操作步骤：将镜头对焦模式开关调到 MF，然后转动镜头对焦环进行对焦，直到在取景器中的主体清晰为止。提醒一下，如果在手动对焦期间半按快门按钮，在合焦时取景器中的有效自动对焦点和对焦指示灯也会亮起。

问：自动对焦选择的具体操作步骤？

答：轻点快门激活相机，垂直按下多功能键，出现速控屏幕，在屏幕里用多功能键选择自动对焦模式，然后用速控转盘选择其中一种，按 SET 键确认，就可以拍摄了。

《再也不离家出走了》 摄影 何晓彦

操作密码：利用疏密原理来构图，被摄体之间的呼应很关键。选择单点手动自动对焦，用A档，光圈缩小到 F8，速度自动。采用拟人的标题很亲切，有点出乎意料，细细品味，又在意料之中，是我选择该照片的理由。不足之处是水面的反光强烈了点，欣赏时会分神。

十七、测光模式设置时的思考

问：测光模式的含义？

答：EOS 单反相机的测光方式，是用相机内测光元件，对摄影范围内的光线进行测量，有四个选项，由所测量的区域不同及拍摄意图来决定的。

●评价测光：测光范围最广的就是"评价测光"，覆盖整个画面，是对整个取景画面的各区域测光值进行综合运算得出的曝光值。这是最常用的测光模式，广泛用于从风景到抓拍的多种场景。

●局部测光：测光范围相对较窄。可用于拍摄人像特写。"局部测光"会以比点测光稍稍广的范围进行测光，一般仅测画面 8% 左右。适合在逆光、侧光的场景中使用，以保证对主要拍摄物的合理曝光。比如，拍摄逆光下的景物时，可以使用局部测光模式以保证其主体得到合理曝光。

●中央重点平均测光：类似于局部测光模式，但对周围的光线也做出一定反应。是以画面的中央部分的 30％ 左右的区域为重点，同时针对整个画面进行测光。当需要表现的主体在取景范围中间部分，而环境明暗与主体有较大的差别时，选择中央重点平均测光，偏重对中央大部分区域测光，能使主体的曝光较为准确。

●点测光：测光范围最小的是"点测光"，只占画面面积的 3.5％，它只针对取景器内很小的范围进行测光。可用于强烈逆光等希望仅对人物面部亮度进行测光之类的场景。也可以利用该功能尝试高调和低调的作品创作。

问：测光模式的操作方法？

答：拍摄模式选定为创意拍摄区中的任意一种模式，如 P 档；按下测光模式按钮，同时配合主拨盘，选择一种测光模式就可以了。

问：什么是内测光？

答：单反光相机一般都采用内测光的方法，即所谓 TTL 测光。TTL 是通过镜头来进行测光的意思，不论在什么摄影条件下，这种测光方式都能得到正确的测光量，如不同的天象或更换相机镜头，或摄影距离变化、加滤色镜时均能进行自动校正。

问：说点测光小经验？

答：测光模式根据其种类不同，测光范围和适应性也有所区别。

最常见的是评价测光模式，对画面整体进行分割测光，根据其测光值采用高级算法计算，转换得到曝光值。

测光范围最狭窄的是点测光模式，只对限定部分的亮度进行反应。

可以根据画面需要的亮度为标准来区别使用各种测光模式。

如果是一般的风光摄影，选择评价测光模式拍摄比较方便。但如果是光影复杂交错的场景使用点测光模式是比较好的选择。

由于测光的范围不同，相机自动判断出的合适曝光参数会随着测光方式的改变产生差异，有些摄影作品的创作就是利用这种差异完成的。

使用哪种测光模式完全取决于拍摄者的意图，只要是能够获得自己希望的效果，合适才是最佳的选择。

《叶之魅》摄影 何晓彦

操作密码：这样的叶子在南方很常见，可在北方却少见，这是吸引拍摄的理由。5D Mark II、EF24-70 镜头、在速控屏幕里选择"点测"，后期稍加剪裁。

十八、改变自动曝光功能设置时的思考

问：全自动档、P 档、Tv 档、Av 档都是自动曝光档？

答：是的。有人怀疑这种说法，是因为没搞清楚原理。

全自动档是自动曝光是大家都知道的。

●P 档是程序自动曝光，当然也是自动曝光一类的，只不过在 P 档的状态下，可以手动调节而已，如果调到 P 档就拍照，而不去调整，与全自动档没什么区别。

●Tv 档也是自动曝光档。只不过可以在速度上可以选择而已，所以当你选择使用该档时，要根据拍摄意图先选择一档速度，光圈就会根据现场的光线自动调节。

●Av 档也是自动曝光档，但可以选择光圈。很多时候选择光圈的时候比较多，因为在不同的光圈下，画面的清晰范围不一样。

问：我想改变自动曝光量有什么方法？

答：调整曝光的手段有五种：

一是，曝光补偿。在 P、Av、Tv 档的状态下，可以用正补偿或负补偿的方法改变相机给出的自动曝光量；

二是，自动包围曝光。在 P、Av、Tv 档的状态下，可以用自动包围曝光的方法，就是相机通过自动更改快门速度或光圈值，在 ±2 级范围内以 1/3 级为单位来调节，连续拍摄三张图像。肯定会有一张符合自己的拍摄意图的。自动包围曝光的英文缩写是 AEB。如果驱动模式设定的是单张拍摄的话，则必须按三次快门按钮。如果设定的是连拍，只要按住快门不抬手，将会连续拍摄三张。

三是，自动曝光锁。当对焦区域不同于曝光测光区域，请使用自动曝光锁。按下 "米" 字锁按钮锁定曝光，然后重新构图并拍摄照片。这称为自动曝光锁。它适合于拍摄逆光的主体。我们可以利用其曝光记忆功能来改变曝光量。

四是，选择不同的测光方式。测光模式根据其种类不同，得到的曝光量是不一样的。

五是，手动选择曝光量。可以自己调整光圈和速度，来确定合适的符合表现意图的曝光量。

问：我希望作品深沉点，不喜欢轻飘飘的，怎么设置？

答：在 P 档的状态下，用曝光补偿给 −0.3 或 −0.7 使画面的调子稍暗，感觉就会很对味。

具体操作步骤：把模式盘调整到 P，再按下曝光补偿键，用速控转盘选择补偿量，按 SET 确定。

《压抑的地平线》摄影 何晓彦

操作密码：每张作品都应该有个基调，或深沉，或明快，或高调，或低调，感觉和品味从调子开始。作品的基调是由拍摄意图和摄影人的性格决定的，我喜欢稍暗点的作品。

5D Mark II、EF24-70 镜头、曝光补偿 −0.7。

十九、驱动功能设置时的思考

问：驱动功能是干什么的？

答：提供单拍、连拍和自拍的驱动模式。

问：驱动功能有多少种选择？

答：有四种选择。

一是，单张拍摄，一般用于拍摄静止被摄体，如花卉、风光、建筑等

二是，连续拍摄，一般用于拍摄运动物体，如体育、宠物等活动物体。

三是，遥控拍摄，是用于提高画面质量的手段。

四是，自拍，把自己拍进画面或用自拍释放快门来提高照片的清晰度。

问：怎样具体操作？

答：按下速控菜单屏幕按钮，用多功能键选择驱动模式，再用速控转盘选择某一个选项，按 SET 键确定，就可以使用了。

《关注》摄影 何晓彦

操作密码：动物的打斗，用人的思维方式去诠释，很有意思。拍摄瞬间还要商榷，可以尝试连拍。

5D Mark II、EF100-400 镜头、自动对焦、白平衡自动。

二十、闪光功能设置时的思考

问：闪光符号什么意思？

答：这个闪光符号是闪光模式按钮的意思。当你想用闪光灯来拍摄时，可以按下它，闪光灯抬起，就可以使用了。里面还有很多选项，可以根据需要选择使用。

问：都有什么选项，怎么操作？

答：可以选择的闪光模式很多，简单介绍几种。

1. 默认闪光模式：大部分数码相机默认的闪光模式，指的是相机自动判断光线情况，当光线较暗的时候，相机闪光灯会自动开启。

2. 防红眼闪光模式：人眼的瞳孔在弱光环境下开得比较大，而瞳孔内的视网膜毛细血管较多，如果在闪光的瞬间。瞳孔来不及收缩就被拍摄下来. 反射闪光之后就会出现红眼的现象。在弱光环境拍摄人像，使用防红眼闪光模式能在某种程度上避免出现红眼。在该模式下，防红眼预闪在主闪光之前大约闪亮 1 秒。它使拍摄对象眼睛瞳孔收缩，可以减少有时因闪光灯造成的"红眼"。由于快门释放有 1 秒延迟，当拍摄移动的拍摄对象或在其它需快门反应迅速的情况下，不推荐使用该模式。当防红眼预闪点亮时，请勿移动相机。

3. 强制闪光模式：主要是针对默认闪光模式而言的使用者可根据拍摄的需要来决定是否开启闪光。有的相机还有强制不闪光的模式。

4. 慢速同步闪光模式：慢速闪光是指使用闪光灯的时候，采用比较慢的快门速度拍摄。闪光灯与慢至 30 秒的快门速度相结合，以便在晚上或在暗淡照明下同时捕捉拍摄对

象和背景。该模式仅在曝光模式P和A下有效。推荐使用三脚架以避免由于相机震动而产生的模糊。

5. 前帘同步闪光模式：是指闪光灯在快门开启的一刻开启闪光，一般来说这是相机的基本闪光模式，在大多数情况下推荐使用该模式。在程序自动和光圈优先自动模式下，快门速度将被自动设定为 1/250 和 1/60 秒之间的值。

6. 后帘同步闪光模式：是在快门关闭前开启闪光。在曝光模式 Tv 和 M 下，闪光灯会在快门即将关闭时闪光。用于在移动物体之后产生一道光束轨迹的效果。在曝光模式 P 和 A 下，慢速后帘同步可用来同时捕捉拍摄对象和背景。

具体操作：若要选择一种闪光模式，请按下闪光按钮并旋转主指令拨盘，直至在机顶控制面板中出现所需闪光模式。

问：前帘同步和后帘同步有什么不同的拍摄效果？

答：以后帘同步为例，比如以 1 秒的曝光时间拍摄行进的汽车，闪光时间假设为 1 / 125 秒，前 124 / 125 秒的曝光会令车尾形成虚影，最后 1 / 125 秒的闪光会把车体清晰结像，反之，前帘同步则会把最初的 1 / 125 秒清晰结像，造成车前面形成 124 / 125 秒的曝光虚影。我喜欢后帘同步闪光，因为后帘同步闪光拍摄的效果更有冲击力。

《小憩》摄影 何晓彦

操作密码：控制画面的清晰范围，用大光圈虚化背景，突出主体。5D Mark II、EF24-70 镜头、A 档 F2.8、手动选择自动对焦点、白平衡自动。

二十一、曝光补偿设置时的思考

问：什么是曝光补偿？

答：曝光补偿用于改变相机设定的标准曝光值。使用曝光补偿，增加曝光量，可以使图像显得更亮。减少曝光量可以让图像变得更暗。曝光补偿可以在正负 2 级间以 1/3 级为单位调节。曝光补偿是指拍摄者根据个人的喜好对由相机测光后所得到的亮度进行调节。性能再好的相机也不是万能的，测光值并不总是与拍摄者的构思完全一致。所以，大多数作品想要精彩，一般都需要补偿。

问：曝光补偿怎样操作？

答：将模式转盘设为 P、Tv 或 Av 档。将电源开关调到速控上，就是在 ON 上边有拐弯的那档。按下曝光补偿按钮，转动速控转盘调整补偿量。

不习惯用速控转盘的可以在菜单里把调整补偿的任务分配给主拨盘。

想恢复原来状态不补偿了，转回到中间的 0 就可以了。

《含苞也快乐》摄影 何晓彦

操作密码：选择较暗的背景，开大光圈，用长焦构图，把没用的语言排除到画面以外。用 5D Mark II、EF100-400 镜头、A 档 F5.6、手动选择自动对焦点、照片风格：风光、调整饱和度 +3、点测光。

二十二、镜头周边光量校正设置时的思考

问：这个功能是干什么的？

答：由于镜头特性的原因，图像的四角可能会显得较暗。这称为镜头周边光量的减少或降低。该现象可以被校正。我把这个功能关闭了，四角暗点符合我的表现风格，是喜欢照片四周稍暗点，有味道。

问：能看一张四周压暗的作品吗？

答：可以。

《堕落的禅意》摄影 李继强

操作密码：雾凇岛去了很多次，这次换了一个角度，受前几天读的席慕容诗歌的影响，试着从禅意的思维角度延伸一下，在曝光上进行了大胆的设定，得到一组有点感觉的作品，这是其中的一张。

禅意，也可以理解为禅心，指清空安宁的心。席慕容曾做过两首以《禅意》为名的诗。

禅的精髓是智慧，就是对社会事物本质的感悟与把握。禅，可以滋润我们的思想，使我们的摄影创作充满智慧与机趣。

禅。之所以被称为东方大智慧，关键是它的思维方式。禅之思维，直探心源，契入事物的内核，把握本质，与自然发展的客观规律统一律动。我们每一个摄影人都体会过直觉的神奇与灵感的美妙，我们每一个人都曾有过心有灵犀一点通的感受——这就是禅，力图赋予我们的、并使之经常化、实用化的智慧。禅之思维并不神秘，每一个人，都能将这种直觉显发出来。

用 5D Mark II、EF100-400 镜头、A 档 F5.6、手动选择自动对焦点、照片风格：风光、调整饱和度 +3、点测光、曝光补偿 −1、日出时逆光拍摄，后期处理压暗边角。

第十章

"Chapter ten"
"十二种创作中常用的拍摄方法"
"第十章"
"摄影方法很多，这章里介绍12种常用的，
主要是帮助你理解相机的功能，
使你更早的进入创作状态。"Chapter ten

十二种创作中常用的拍摄方法

摄影方法很多，这章里介绍12种常用的，
主要是帮助你理解相机的功能，
使你更早的进入创作状态。

十二种创作中常用的拍摄方法

一、先构图，后对焦的方法

这是自动对焦点手动选择的方法，也是精细对焦的方法。尤其在微距拍摄、花卉拍摄和被摄主体不在画面中间，及需要精确对焦时，经常使用的调焦方法。强调一下，对焦是摄影的基本功，掌握对焦方法和熟练运用才是硬道理啊。

该方法需要掌握的操作要领如下：

选择好要拍摄的画面，然后，按下"自动对焦点选择"按钮，用拨盘或多功能方向键选择对焦点，把对焦点对准要拍摄的主体，轻点快门按钮验证，看到被选择的对焦点在被摄体上闪烁，就可以把快门按到底拍摄了。

先构图，后对焦的方法，一般用以静止的被摄体，如建筑、纪念照片、风光、小品等摄影对象。

注意几个细节：

一是，按下自动对焦点选择按钮后，要在6秒钟内开始操作，如果没在6秒内开始操作，想操作就需要再按一次；

二是，按下该按钮后，在取景器和液晶屏里将发亮显示对焦点，如果显示的地方不满意，就可以用速控转盘、拨盘或多功能方向键选择对焦点，对到需要清晰对焦的被摄体上；

三是，选择"手动选择自动对焦点"；

四是，如果想恢复"自动对焦点"的方法是，在转动中，所有对焦点都亮起，就是自动对焦了；

五是，想直接选择中央对焦点，垂直按下多功能方向键就是中央对焦点；

六是，全自动模式下，相机自动设置自动对焦点，不能用自动对焦点手动选择的方法。

七是，要将镜头的自动对焦开关调整到AF。

《异国情调》摄影 何晓彦

操作密码：构好图后，手动选择自动对焦点，对准雕塑，把模式盘拧到 AV 档，缩小光圈为 F11，目的是利用小光圈的景深，达到画面全清晰的效果。该片拍于满洲里的俄罗斯雕塑广场，里面的雕塑很有味道，有条件建议你去看看，会有收获的。

用 5D Mark II、EF24-70 镜头、顺光拍摄、饱和度 +1。

二、先对焦，后构图的方法

当把被摄体的清晰度放到首位时，而且，被摄体还是运动的，可以选择这种对焦方法。当然，也有一部分摄影人，喜欢中央对焦点，不管被摄体是运动的还是静止的，都喜欢用中央这个点，这时也可以选择先对焦后构图。

具体操作方法：

轻点快门对焦，听见蜂鸣音后，根据构图的需要，向左或右平移相机几厘米，完成构图，快门按到底拍摄。

注意几个细节：

对准被摄体半按快门对焦后，按快门的手指不要抬起，始终按着，这样对焦就被锁定了，说明书上叫"快门锁定"；

如果被摄体是由左向右运动的，画面右方要多留点空间，相机要根据构图需要，平行向右移动完成构图；

半按快门重新构图时，相机一定是或向左或向右平行移动，不能前后移动；

合焦时，合焦的自动对焦点将闪动红色，在取景器里的合焦指示灯也会亮；

如果合焦指示灯闪烁，表示合焦失败，需要重新尝试对焦。

听不见提示音怎么办？在菜单里把"提示音"选择"开"就可以听到了。

《距离》摄影 何晓彦

操作密码：用5D Mark II、EF24-70镜头、按亮处测光曝光，对准牛对焦，向右平移构图后拍摄，后期把暗区用"曲线"提亮，并用"图章"把环境清理干净。

三、连拍优选法

问：什么时候使用该方法？

答：拍摄运动主体的时候用。

问：需要设置什么？

答：将相机的自动对焦模式设置到"人工智能伺服自动对焦"；将驱动模式设置到"连拍"。

问："人工智能伺服自动对焦"是怎么工作的？

答：该自动对焦模式适合对焦距离不断变化的运动主体。只要保持半按快门按钮，将会对主体进行持续对焦。而且曝光参数会在照片拍摄瞬间自动设置。

问：这是相机在自动选择自动对焦点吧？

答：对。相机在自动选择自动对焦点时，相机首先使用中央对焦点进行对焦。在点测光圆内，有 6 个在人工智能伺服自动对焦模式下工作的看不见的辅助自动对焦点，因此，即使在自动对焦期间主体从中央自动对焦点移开，仍然可以继续对焦。此外，即使主体从中央自动对焦点移开，只要该主体被另一个自动对焦点覆盖，相机就会持续进行跟踪对焦。

问：看见满意的瞬间就可以按快门了吧？

答：是的。用取景器始终套住被摄体，有满意的瞬间可以把快门按到底，只要不抬手，相机的连续拍摄功能就开始工作，在很短的时间里拍摄若干张。

问：我就需要一张啊？

答：把满意的留下，其余的删除。

问：注意什么？

答：在"人工智能伺服自动对焦"模式下，合焦时是没有提示音的，而且合焦指示灯也不会亮，这与单次对焦是不一样的。连拍的速度是由相机的性能决定的，如 5D Mark II 在 1 秒的时间里可以拍摄 3.9 张，5D Mark III 在高速连拍的状态下，可以拍6张/秒。

《求爱》摄影 何晓彦

操作密码：梅河口的苍鹭很多，就是仰拍很辛苦，而且镜头太沉。用 5D Mark II、适马50-500 镜头、人工智能伺服自动对焦、用连拍扑捉感兴趣的瞬间。后期适当剪裁。

四、陷阱式拍摄法

陷阱式对焦是针对运动对象拍摄的一种技法。利用"陷阱对焦"法，有点"守株待兔"的感觉。把对焦点调到画面主体可能出现的位置，构好图，等待主体的到来，当主体进入调焦点，就快速按下快门完成拍摄。

问：该方法适合拍什么？

答：适应的范围较广，一般用于扑捉运动体。

问：举个例子吧？

答：拍花卉，对准花朵，等待蜜蜂来；拍运动，在必经之路上，构好图，对好焦等待运动员进入焦点；网上有怎么一段话："见到一只小蜻蜓停在卷着未放的荷叶上，水中倒影清晰可见。正支起三角架，准备拍摄下来……只见水中来了一群鱼，鱼见到人影便躲进水底。我确信只要保持安静，一会鱼还会再来。于是，把对焦点调到画面下方鱼嘴的位置，便耐心在岸边蹲守，大约过了10来分钟，鱼群便冒头了，等候那条鱼游到焦点位置，一冒头，赶紧咔嚓！"诠释了整个陷阱式拍摄法的思考与拍摄的全过程。

问：注意什么？

答：按住快门按钮，耐心等待；要事先找准某一代替物为聚焦的对象；确信你想拍摄的物体一定会出现在这一位置上，这与你的预见和判断力有关啊，要全神贯注地抓拍瞬间；也可以设置到"连拍"，减少漏掉精彩瞬间的可能。

《落荒而逃》摄影 何晓彦

操作密码：打鸟能拍到有情节的画面实在难得。用 5D Mark II、适马 50-500 镜头、人工智能伺服自动对焦、连拍。

五、拍摄素材的方法

每次出去采风，都希望拍到好的作品，是每个摄影人的心里活动。对于初学者拍摄到成功的作品的几率不是很高，就是一个老手，也有一个机遇问题。在寻找好作品中时间都浪费掉了，我是怎么利用这些时间的呢？用不同的思维来拍摄照片——拍素材！

摄影是现场的行为，有时候画面里缺少某些元素，作品就不成立或不精彩，如，蓝蓝的天空，挺拔的白杨林，就缺少一个"白天的月亮"，现场没有！现在是数码时代，可以在后期加上一个啊，于是给"白天的月亮"留下位置，拍摄完成，回家找月亮，可是网上的"月亮"像素都太小，根本不能用，傻乎乎去电脑大世界买了一套素材库的光盘，里面的月亮勉强能用，结果十几张照片都是这个月亮。学生交的作业里，月亮看着眼熟，唉，都是一个素材库里的东西。

建一个自己的素材库是想搞数码创作的摄影人必须的行为了，用别人的总是不舒服，而且很多时候素材库里的东西自己不满意。

问：素材都包括什么？

答：摄影是图像与图形直观传达的方法，综合与延伸是思考的方向。给画面综合上个"树稍"、"月亮"是常规的尊重客观的做法，如果延伸一个荒诞的、另类的就变成主观创作的方法。那么你说素材都应该包括什么？

问：总应该有个规律吧？

答：是的，一般的素材应该是画面的一部分，可分为：语言素材、背景素材、装饰素材、梦幻素材等。

我看了一下我的素材库里的分类：里面有大量的昆虫如蝴蝶、蜻蜓、蜜蜂，还有海鸥、人物、猫、狗、蘑菇、树、树梢、各种框架、月亮、

小船、花等。

我总结了一下：素材的背景应干净，后期抠图方便；画面要简单，注意光线和投影；要考虑到以后使用时所需要的角度；背景收集量应该非常大，你可以使用它们与其他照片相组合；从考虑自己拍摄发展的方向的角度来搜集拍摄素材是常用的方法。

《知音》摄影 何晓彦

操作密码：雕塑和鸟儿都是平时拍摄的素材。后期把它们组合到一起，产生意义，也是数码摄影创作的一种常用的方法。组合时要注意光影效果和物体的比例，合理和逼真是思路之一。

六、景深控制的方法

问：什么是景深？

答：就是当焦点对准被摄体后，被摄体前后的清晰范围。

问：怎样控制景深？

答：有三要素。

一是，控制光圈。尽量选择大光圈，光圈选择的越大，如 F2.8，被摄体前后的清晰范围就越小，于是，被摄体清晰了，前后的环境模糊了，这是突出主体的好方法，也是控制画面里的多余语言的方法。反之，选择小光圈，如 F11，光圈选择的越小，被摄体前后的清晰范

围越大，适合拍摄风光等大场景，也适合拍摄集体照等实用摄影。

二是，控制镜头焦距。焦距越长，如 200mm，景深越短。焦距越短，如 24mm，景深越长。长焦距如果与大光圈结合，背景的虚化效果那是相当的好。短焦距如果再加上小光圈，清晰范围那是非常大的。

三是，镜头与被摄体的距离。距离越远清晰范围越大，景深越长。反之，距离越近清晰范围越小，景深越短。

短焦距＋小光圈＋远距离＝景深长，清晰范围广。

长焦距＋大光圈＋近距离＝景深短，清晰范围窄。

出现在画面里的都是语言，很多语言对画面没有帮助，摄影又是现场艺术，实在躲不开怎么办？虚化它！这是使用景深技术的思考方向之一。

《在水一方》摄影 肖冬菊

操作密码：水边的雏菊在微风中悠闲的展示着舞姿，阳光爱抚着，陶醉中做着浅浅的梦。用 5D Mark II、EF28-300 镜头、大光圈控制景深，手动选择自动对焦点、白平衡自动。

七、白平衡试验法

问：这个方法的目的是什么？

答：在拍摄的照片里，寻找一种自己满意的色彩。摄影从技术角度来说，无外乎就是解决画面的明暗—曝光问题、色彩—平衡问题、虚实—镜头控制、瞬间—拍摄时机这四个问题。白平衡试验的方法是个很笨的方法，可是很实用，也有利于对色彩的经验积累。

问：说说具体操作？

答：很简单，就是对准一个场景，把各种白平衡都拍摄一遍。

问：这个思路很实用啊

答：是的，也可以用在测光的试验中，用不同的测光方式对一个场景反复拍摄，寻找满意的画面，还积累曝光经验，初学者肯定会受益的。

《雪乡的感受》摄影 何晓彦

操作密码：北方的雪乡总是带来惊喜，在暖暖的阳光下流连、徘徊，是很惬意的体验，这是我第 50 次带领学生去雪乡了。难得的放松，难得的朋友，难得的瞬间，难得的色彩搭配，难得的动作，难得的场景，难得的……深深刻在记忆里，难忘。

5D Mark II、EF24-70 镜头、评价测光、白平衡试验：阳光。

八、自动包围的方法

问：什么是自动包围？

答：就是通过几个不同变化的曝光组合来对某一对象实施曝光的拍摄方法，是相机的一种高级功能。尽管测光技术日臻完善，由于光线条件、被摄主体千变万化，仍可能会有测光偏差。为了防止因测光失误而错失重要拍摄主题，在许多高档传统相机中引入了包围功能，就是当你按下快门时，相机不是拍摄一张，而是以不同的曝光组合连续拍摄多张，从而保证总能有一张符合摄影者的曝光意图。

问：包围有什么好处？

答：这是一种曝光的优选法。可以在不同的曝光量的照片里选择满意的，提高成功率，尤其是重要的拍摄活动，不能失误的，都可以采用这种方法。现在的存储卡的容量都很大，不用担心存储空间不够啊。

问：包围还有别的叫法吗？

答：有。也称为"阶梯式曝光"、"括弧式曝光"等。

问：我知道什么是包围了，还想知道都能包围什么？

答：有针对曝光量的包围式曝光，就是相机按它认为正确的曝光量曝光一张，再减少曝光量拍摄一张，最后再增加曝光量拍摄一张，希望三张里有一张是你满意的。

还有闪光包围，也是针对曝光量的，是通过控制闪光灯的输出光量来完成包围式曝光，虽然工作原理和操作方式上都与包围式曝光相同，因为加入了闪光灯的元素，更适合在弱光条件下使用。

还有白平衡包围，是针对照片色彩的。需要在"白平衡偏移"的菜单选项里设定偏移量，然后再设置驱动模式到连拍上，这样按一次快门就可以得到三张不同色彩的照片了。

问：曝光的级差可以选择吗？

答：可以。曝光级差可选择设置 1/3 档 2/3 档或 1 档，甚至是 2 档。它的表现形式是向正负两个方向扩展。也可以在曝光补偿的基础上选择曝光级差。如我选择了 -0.3，相机就以该 -0.3 为中心向外包围曝光量。

问：能说一下具体操作吗？

答：首先，确定是否需要包围。之所以要用包围式曝光，主要是用来对付一些比较重要同时亮度比较复杂，而摄影者一时无法确定合适曝光量的题材。通过包围式曝光可确保你在一组不同曝光组合的照片中选择到具有最合适曝光量的照片。包围式曝光一般应用于静止或慢速移动的拍摄对象。

然后，找到包围曝光按钮并按下。不同机型按钮的位置不一样，按钮的图标也不一样。在菜单里有，在速控屏幕里也可以选择，然后，配合拨盘选择曝光级差和拍摄张数及包围曝光顺序。

最后，构图，对焦并拍摄。当执行包围时，机顶控制面板和取景器中将会显示包围进程指示。最好设定连拍，在单张拍摄和自拍模式下，每按一次快门释放按钮仅拍摄一张照片。

还有一个筛选的过程，把满意的留下，其余的删除。这个工作也可以留到计算机里做，屏幕大看得清楚，好选择啊。

《白平衡包围试验之一》 摄影 何晓彦

操作密码：一把爱做梦的伞，为我遮风挡雨我体验过，把你拍下来，印到著作里，让世界都知道，我完成承诺。

5D Mark II、EF24-70 镜头、评价测光、白平衡试验之一。

九、偷拍的方法

问：分享一下你的偷拍经验，能满足吗？

答：当然。这些经验可能很碎片，当你一条一条试过，你会觉得很实用。

● 随身带着你的相机

● 用长焦远离你的被摄体

● 使用广角镜头或变焦镜的广角端，不看被摄体，盲拍

● 把相机肩带缠在手腕上，而不是挂在脖子上。这样可以更快更简单地操纵相机，必要时还便于从腰部进行拍摄

● 关闭相机的蜂鸣音

● 模式就拨到自动档，不用担心曝光量，把精力用到观察上

● 从腰部拍摄，可以从较低的位置拍摄人，持机手自然下垂，从低位靠近拍摄，尤其是竖拍人像时，这样会显得人很高并且能充满整个画面

● 掩饰自己的拍摄意图的方法很多，会演戏会给你带来很多好处。你可以扮演成一个旅行者，注视着大街上发生的一切，或者一个迷路的人，必须停下来寻找方向，就是不能被人一眼看出来在找拍摄机会

● 不要直视你准备拍的人，眼神交流会使别人立即注意到你

● 按下快门后马上走开，好像什么事也没发生过

● 高一点的快门速度，可以开大光圈或提高感光度

● 穿和你相机颜色一样的衣服

● 在需要的背景前，找好位置，等待

● 靠近，让重要的东西充满画面，把其他的都裁剪掉，给观众留下想象的空间

● 天下有贼，只是这偷拍的"贼"，应是精通摄影技艺的快手，更是富有涵养和风度的非常君子，切勿误入歧途。

《黄雀在后》 摄影 何晓彦

操作密码：摄影人在工作的时候，后面的摄影人把你拍进画面，你应该感到高兴，看看你自己创作时的状态，也为后面的摄影人组织画面时做了比例。

5D Mark II、EF24-70 镜头、评价测光、手动选择自动对焦点。

《熊的故事》 摄影 李继强

操作密码：偷拍是为了获得自然状态下的画面，这是摆拍出来的示范场面。

5D Mark II、EF24-70 镜头、评价测光、自动对焦。

十、抓拍的方法

目的是不干涉拍摄对象活动情况下的拍摄，追求的是自然状态，是自然的情感流露。

问：抓拍用什么器材啊？

答：其实什么样的相机都可以用来抓拍，我们现在谈单反的抓拍，最好有个变焦镜头，如现在流行的 18-200mm 的一镜走天下的变焦镜头就很好，在广角端可以靠近拍摄，长焦端可以站在远处在不干涉被摄体的情况下，抓拍自然状态下的人或动物。

问：抓拍用全自动模式可以吗？

答：当然可以，而且我还提倡用。自动模式解决了很多技术问题，如曝光量、对焦等。这样拍摄者可以把全身心投入到观察、选择、判断、瞬间里。

问：抓拍的三要素是什么？

答：抓拍有三要素：

一是稳，稳定的情绪，当然也要持稳你的相机；

二是准，心里的准备对于抓拍是很重要，准确的构图对焦也是不可缺少的；

三是快，快速都包括什么？快速发现题材，快速进入角色，快速取景构图，快速操作相机，快速抓取瞬间，快速退出现场。

问：能说说您上课时讲的"五字诀"吗？

答：多年的抓拍实践，我总结了抓拍的五字诀：摸、找、等、抢、抓。

摸什么？不是让你去摸被摄体，而是摸规律。任何事件的发生，发展，高潮到结束，都有规律，摸准规律，抓住事件的实质，拍摄起来就好办多了。如拍体育比赛里的篮球，规律是什么？就是把球投到对方篮里去，围绕这个规律你就可以展开思考了。

找什么？找角度。一个好角度是区别照片和作品的标准之一，摄影和绘画都是在选择画面，绘画可以按创作者的想象来布局，实现表现的意图，可摄影是离不开现场的，而且现场也不会按创作者的意图来安排，只有在现场寻找一个好的角度，才是摄影表现的出路之一。

等什么？等高潮。高潮是事物高度发展的阶段，是情节中矛盾发展的顶点。摄影和电影不一样，摄影不能记录过程，所以选择事件过程的某一个点来记录是摄影常用的手段。如拍刘翔的跨栏，有很多节点可以拍摄，可高潮在哪里？起跑？攻栏？冲刺？撞线？每个摄影人可能选择的不一样，我认为攻栏的画面是反映这个项目的高潮，在栏侧45度的远处，等啊，当刘翔攻栏的左腿快到栏中间，摆动腿迅速上提，身体腾空的那个瞬间，你就可以打连发了。

抢什么？抢时机啊。具有时间性的有利的客观条件叫时机，时机也叫机会，机遇。在拍摄新闻、民俗，甚至风光，时机的到来需要摄影人眼疾手快，在熟练操作的基础上冷静快速地按下快门。而相机的自动模式操作是简单的，可以保证操作的快速性。

抓什么？抓瞬间。瞬间是摄影的生命线，任何一张成功的作品都是瞬间的锁定和凝固。尤其在全自动模式下，你不要顾及其他，只要专心构图，专注瞬间就可以了。

《性格赞》摄影 肖冬菊

操作密码：激动的水与冷静的石头，每天都在进行无数次碰撞、较量。嘻哈的水，有棱有角的石头，圆滑是结果吗？

5D Mark II、EF28-300镜头。

十一、等拍的方法

等拍，在摄影里可以算是最高境界了。所谓等拍，就是你事先已经想好，用你自己的创作思想，来组织拍摄这张作品。你不但要有过硬的摄影基本功，最重要的是你要有创意，还要有预判，就是你对身边即将有可能发生的事情，要提前有判断，做好准备。这体现摄影者综合素质。

问：等拍等什么？

答：每个人等的东西可能不一样，但有很多是共性的，总结了一下有下面十点供参考：

一是，等瞬间。拍摄事件、活动、运动物体等，在一个过程里会有很多瞬间，你希望拍到哪个瞬间？如果你认为你需要的瞬间会出现，你就可以等，耐心地等，直到它的出现。

例如，去鹤乡拍鹤，鹤能走能飞，形态在不断地变化，不同变化带来不同的含义和效果，可我希望的瞬间一直不出现，我知道肯定会出现，我就耐下心来，等了一天，傍晚日落时分，橙黄的落日下，一只鹤引吭高歌的场面终于出现了，我用长焦把鹤与落日拍进画面，完成了我的构思。多说一句，为了把落日拍大，我给100-400的大白特意配了一个APS-C的机身，焦距乘上1.6变成640mm，结果振翅的鹤与大大的落日共舞，画面我很满意。

二是，等元素。摄影的画面是由各种元素组成的，当你感觉画面里缺少某种元素，而这种元素一定会出现，你就可以等啊。

例如，拍建筑，建筑是一个民族的文化结晶，拍好建筑需要思考很多问题，选个简单的，建筑多高？有个比例就好了，最好的比例元素就是人，那么就等人的到来，一对情侣的出现给画面增加了美的同时，还带来满意的比例，快门轻轻按下。

三是，等变化。世界上没有不变化的东西，如季节的变化，人的变化。在《礼记·中庸》里讲到变化是这样说的："初渐谓之变，变时新旧两体俱有；变尽旧体而有新体，谓之化。"

例如，我喜欢拍美的东西，每年春天冰雕融化时，会出现很多变化，虽然是残缺的也是一种美啊，连续去几天，每天都在变化，熟悉的东西一点一点地变陌生了，我享受这种变化中的美。

四是，等光线。一年中，四季里，就是一天的光线也是不一样的，你需要什么样的光线？需要大反差，等硬光；需要表现梦幻，等软光；直射光线照射在景物上，能产生各种不同的效果，才会产生明暗层次、线条和色调；正面光可使景物清朗而具有光亮、鲜明的气氛；侧光拍摄景物，由于光线斜照景物，景物自然会产生阴影，显现明暗的线条，使景物有立体的感觉；逆光照射景物，景物中被光线照射的部分，都会产生光亮的轮廓因而就能使物体与物体之间都有明显的光的界线，不会使主体与背景互相混合成一片深黑色的色调；用低光拍摄风光，低光属于光谱中的红色成分，表现出来的颜色呈黄、橙色使作品更具浪漫特色。

光是摄影的生命，没有光线就不可能有摄影。

光线对景物的层次、线条、色调和气氛都有着直接的影响，景物在照片中能否表现得好，全赖于运用光线。因此，我们必须了解每种光线对景物的作用，才能获得理想的效果。我们只有经常地观察各种光线在景物中的自然变化和影响，才有助于我们提高对光线效果的认识。

等拍，预料事件的发展是前提，选择拍摄位置，仔细构图可以从容不迫，而你最终希望什么？用画面传达你的感觉！

《骏马，真棒》摄影 何晓彦

操作密码：这就是草原，这就是骏马，在阳光下缎面似的皮毛，油润的感觉，真好。它们静静的小憩着，为奔驰蓄积着力量，等待那脆响的鞭声。

5D Mark Ⅱ、EF100-400 镜头、评价测光、自动白平衡、曝光补偿 -0.3。

十二、慢拍的方法

用慢速度拍摄，是摄影的拍摄方法之一。要达到几个目的：

一是，营造运动的感觉。尤其是对熟悉的事物用慢速度拍摄，会给欣赏者带来新奇的观感。当然，慢是相对的，整个画面都拍虚了，效果就没有了，要走两条道，主体是实的，环境是虚的，或者，环境是实的，主体是虚的。

二是，制造"陌生感"。人的视觉具有求新纳异的倾向，当视觉面对一个"陌生"的对象时，才会"睁大自己的眼睛"。

三是，产生视觉美感。模糊美、虚幻美，以虚托实是创作的思路之一。技巧陌生，会引起两者兴趣。两者？摄影者——掌握的愿望，读者——欣赏的欲望。"慢下来"是创作时的思维方法之一，其实就是在寻找陌生。要把熟悉的场景在心里用摄影技巧反复陌生它，然后用相机付诸实践。

问：用什么方法能让速度慢下来？

答：可以从七个方面来思考：

一是，把光圈变小。而光圈越小，速度就越慢啊。这个方法依据的原理：在改变光圈的同时，速度会根据现场光线自动改变，光圈越小，速度越慢。光圈能调多小？F22、F32。把光圈变小，P、A、S、M档都可以做到啊。

二是，改变 ISO 感光度。这个方法依据的原理：感光度数值越小，对光线越迟钝。

了解你相机的感光度吗？最小的感光度是ISO50？还是ISO50 100？

怎么操作？最快速的方法就是在速控菜单里调整。

三是，镜头前加"灰镜"。这个方法依据的原理：阻光。进到镜头的光线减少，速度自然会慢下来。

灰镜的三种规格：浅灰（减1档）中灰（减2档）深灰（减3档）。解释一下，如果，现在的速度是 1/8 秒，在镜头前加中灰滤镜，快门速度减两档，就变成1/2秒了。

问：加灰镜影响画面质量吗？

答：基本不影响。

四是，利用阴影。这个方法依据的原理：减少照度。阴影来源：小面积可以用物体遮挡制造阴影，如果面积大，可以利用山峰等来遮挡制造出阴影。

五是，利用天象。原理：光线弱。早点、晚点、阴天、雨天等。

六是，夜间。原理：利用人造光源，如灯光照射、慢门闪光灯；利用自然光源，如星光、月光，对夜空进行长时间曝光。

七是，后期处理。这个 PHOTOSHOP 谁都会两下子的时代，打破熟悉的可能是创作的最基本的原理。思考一下，在 PHOTOSHOP 工具栏里有什么工具能做到？如用滤镜的方法，来改变作品的效果，可以虚化主体，也可以虚化环境啊。合成的方法也是思考的方向，把一个故意拍虚的画面与一个清晰的主体画面合成你想过吗？

问：用慢速度拍照注意什么？

答：主要是稳定相机。当然要用三脚架、自拍 2 秒、反光板预升。也可以用豆袋。还可以放地上，低角度拍摄也是很有创意的想法。

《聚光灯下》摄影 徐国庆

操作密码：舞台是摄影里难度较大的一种，灯光、动体，有很多不确定性，该片较好地把握了灯光的规律和瞬间。聚光灯下的快门速度是提高感光度的结果。

舞台作品的美感，是通过照片的画面构图来体现的。拍全景、拍局部还是拍特写，是摄影者需要考虑的问题。了解剧情，提前熟悉舞台表演的规律、节奏、风格以及灯光的布置比较好，让自己提前有了心理准备，能大致知道下一步将要发生什么，以免错过精彩瞬间。

设置相机参数，掌握正确曝光、跟踪对焦、色彩还原等技术问题，是拍好舞台摄影作品的先决条件。在舞台摄影中切忌使用闪光灯，这样既破坏了舞台灯光效果。又失去了原有的味道。想要成功率比较高，使用相机的连拍功能比较好。

第十一章

Chapter eleven

镜头如何配置问题

什么样的镜头适合我?
大三元、小三元什么意思?
解读镜头上的符号
解读镜头上的部件
偏振镜,过滤偏振光的
喜欢拍风光的,中灰镜也是必选的
关于镜头的思考碎片

什么样的镜头适合我?

经过斟酌您选择了一款机身,在镜头的选择上,您可能会犹豫,因为选择的方案很多,我也面临过这些问题,我的建议是:

一是,买专业的,坚决不买"狗头"。

摄影圈里一般把套机带来的镜头和一般廉价的镜头叫"狗头"。而且副厂的镜头也不在考虑之列。为什么?理由很简单,买单反的目的就是要在追求画面质量上下功夫。

机身的性能和功能可以差一点,我们可以根据自己的拍摄目的和自己的经济情况来选择机身,不一定就非得选择顶级机身,因为有些功能和性能您也用不上,或很少使用。如连拍功能强大的 EOS-1D X 机身,可以在 1 秒的时间里拍摄 14 张,还有高 ISO 感光度性能,一般摄影人超过 ISO1 600 都很少使用,EOS-1D X 的 ISO 感光度 51 200,可扩展至 ISO 204 800 这样的性能,是给新闻记者和体育记者及在某种恶劣环境下拍片的人准备的,还可能花的是公家的钱。你一生中也用不了几次,这些功能和性能却是需要您花大把银子的啊。当然,话说回来,您有的是钱,或孩子孝敬的,或您有特殊追求,就另当别论了。

C 派单反的镜头首推红圈的 L 镜头。虽然价格不菲,但质量是无可挑剔的。

二是,最好分两个焦段。

一般的配置是全画幅机身可以 24-70 从广角到中焦,从中焦到长焦 70-200mm。

EF 24-70mm f/2.8L USM

该镜头为适应数码单反相机而设计制造,同样也适用于传统相机。镜头采用 2 片非球面镜片,以及超低色散 UD 镜片和优化的镜头镀膜,在全焦距范围内均可达到极高的成像质量和更快的自动对焦速度。同时,还具备良好的防尘、防潮性能。

EF 70-200mm f/2.8L IS USM

这是款白色镜头,有 4 片超低色散 UD 镜片,可以有效矫正残余色差。改进的影像稳定能力,在半按下快门按钮后影像稳定功能可以瞬间生效(在 0.5 秒后)。环形 USM 马达可以实现宁静高速的自动对焦。提高了防潮和防尘性能。最近对焦距离达到了 1.4m,最大放大倍率为 0.17 倍。

有个现场换镜头的问题,其解决方法,就是再购买一个廉价点的机身,追求长焦的可以选择 100-400 的大白头。形成这样的配置,如 5D MarK II 拧 24-70mm 的镜头,另一个 APS-C 的机身拧 100-400mm 的镜头,长焦乘上 1.6 后,长焦端能达到 640mm,喜欢远摄的真是个好选择。这样的组合 EOS 5D Mark II+24-70mm 镜头,EOS 1100D+100-400mm 镜头,怎么样?(EOS 1100D 机身的参考价格:2 950 元人民币)有 4 万块人民币,连三脚架、闪光灯等附件都搞定了。

三是,一镜走天下的想法也是现实的。

用全画幅机身的,佳能有一款镜头是 28-300mm 的白头,也是不错的选择,虽然有点沉，但可以不用在现场更换镜头，避免灰尘的进入。

介绍一下该款镜头：它的全称是EF 28-300mm f/3.5-5.6L IS USM

11 倍超大变焦比 L 镜头，焦距范围涵盖从广角到长焦。内置影像稳定器，相当于提高三档快门速度。采用 3 片非球面镜片和 3 片超低色散 UD 镜片，成像素质优异。采用优化镀膜，大大抑制了数码相机易出现的鬼影和眩光。优异的防潮防尘性能。全焦距范围内最近对焦距离均为 0.7m。

用 APS-C 机身的可以选择 EF-S 18-200mm f/3.5-5.6 IS 这款镜头。

介绍一下该款镜头：

● 涵盖广角到长焦的 11 倍超大变焦比镜头；

● 带 IS 防抖功能，效果相当于提高约 4

档快门速度；

● 采用两片 UD 超低色散镜片和两片非球面镜片，带来出色画质；

● 优化的镜头镀膜及镜片位置，有效抑制鬼影和眩光；

● 全焦距范围内最近对焦距离 0.45 米；

● 采用圆形光圈，具有出色背景虚化效果；

● 高速 CPU 和优化的对焦算法，带来高速自动对焦；

● 配备镜头变焦环锁定装置，方便携带。

《远处的风景》摄影 李继强

操作密码：观察与使用的镜头关系很大，长焦镜头会促使你去观察远处的景物，这是摄影思维的一部分。长焦包含的元素没有广角那么多，各元素比较容易组织，摄影是减法，长焦相对广角而言，比较容易实现减法，选择长焦学习构图，更容易出作品。少了广角镜头带来的那种纵深感和信息量，也容易给人带来一种静寂的感觉。长焦拍风景也有弊端，因为离被摄体远，由于大气介质的问题，有的时候图片显得通透性不够，对快门的要求也较高。

5D Mark II、EF100-400镜头、A档F5.6、1/500秒、手持拍摄。

大三元、小三元是什么意思?

在"最喜爱的 EF 卡口镜头"中，点名率最高的是由 EF 16-35mm F2.8L USM、EF 24-70mm F2.8L USM 和 EF 70-200mm F2.8L IS USM 组成的"大三元"组合。得益于出色的画质、极高的可靠性，这样的组合在拍摄时尚广告、新闻纪实或是风光建筑等诸多题材中都扮演着重要的角色。而光圈稍小的"小三元"组合，则提供了更强的携带性和更高的性价比，与"人三元"组合互补，以满足不同用户的需求。

佳能的大三元和小三元其实都是玩家自己给取的名字，佳能官方可从来没有什么大三元、小三元的称呼。"三元"一般是指广角、标准变焦和中长焦 3 只红圈变焦镜头。恒定 F2.8 光圈的 3 只被称为大三元，恒定 F4 光圈的 3 只被称为小三元。佳能的大三元已经出了 3 代，而小三元则只有 1 代。

第一代大三元:

广角: 20-35/2.8L

标变: 28-80/2.8-4L（大三元中唯一不是恒定 F2.8 光圈的镜头）

长焦: 80-200/2.8L

第二代大三元:

广角: 17-35/2.8L

标变: 28-70/2.8L

长焦: 70-200/2.8L

第三代大三元:

广角: 16-35/2.8L

标变: 24-70/2.8L

长焦: 70-200/2.8L IS

（16-35 已经有 2 代，相信不久之后佳能会补全新版标变和长焦构成第四代大三元顶级变焦集体）

小三元:

广角: 17-40/4L

标变: 24-105/4L IS

长焦: 70-200/4L 或 70-200/4L IS

问: 哪个焦段最适合拍人像?

答: 一般来说，最合适的人像焦段是 70~200mm 或 80~135mm，因为这个焦段镜头比 35mm 以内的广角头及 40~55mm 左右的标准镜头景深效果好，因为，同样的拍摄距离，同样的光圈，焦距越长，景深越浅，也就是越容易虚化背景，突出人物，而这个焦段的镜头变形效果比较容易控制。

85mm 是经典的全身人像焦距，而 135mm 则是经典的半身像焦距。但是世事无绝对，广角镜头有透视变形效果，容易把人脸拍得尖细，身材拉长，所以你看杂志上那些长腿 MM 照基本都是用广角镜头拍出来的。而长焦镜头有压缩变形效果，对于一些林黛玉式的纸片美女，则更适合用焦距长一些的镜头，这样人像看起来更饱满一些。所以没有全能的器材，关键是要看镜头后面的人怎么用好它们。

《硕果》摄影 李继强

操作密码: 城市人去生态园参观也是放松的方法之一，也有很多新鲜的东西和发现。

5D Mark II、EF100-400 镜 头、A 档 F8、曝光补偿 -0.3

什么是EF卡口?

　　所有单反相机都有自己的镜头卡口,卡口就是镜头与机身的连接方式。EF 卡口是佳能单反相机的专用卡口。在数码单反这一块,佳能镜头有两种基本分类,一个是 EF 卡口,用于全画幅的,另一个是 EF-S 用于 APS 画幅的,福音是,EF 全画幅的镜头也可以拧到 APS 画幅上,当然 EF-S 的拧到全画幅上也可以用,就是会有暗角。

　　《数码摄影》杂志 2010 年第 05 期上的一篇采访的50位 EF 卡口镜头用户的文章,印象颇深,这些摄影圈里的大腕,有搞时尚摄影的,摄影教学的,有专拍建筑的,也有体育记者,社会名流,更有纪实摄影、风光摄影、生态摄影、广告摄影、创意摄影等领域的姣姣者,他们是一线的摄影师,有一个共同的特点,就是都使用佳能 EF 卡口的镜头,想了解佳能 EF 卡口镜头,他们是最有发言权的。他们虽然艺术风格各异,但是对于佳能 EF 镜头的喜爱却是相似的。究其原因,佳能 EF 镜头一直秉承的"快速、易用、高画质"、"让所有拍摄者都能如愿地拍摄照片"的基本思想起到了关键作用。有机会可以把文章找来看看,可能对你选择镜头有帮助或启发。

　　佳能 EF 卡口镜头的概况怎样?

　　佳能 EF 卡口目前拥有着 135 系统中最庞大也是最完整的镜头群,约有 70 多个型号的镜头可供选择。而且,所有的 EF 系列镜头都拥有值得夸耀的良好品质,这也是为什么这些大腕们,虽然有着迥然相异的拍摄需求,但都选择 EF 卡口镜头作为自己追求光影道路上的伙伴的原因。从超广角到超远摄,从定焦到变焦,以及丰富的特殊镜头,佳能 EF 镜头几乎可驾驭所有可能的拍摄题材!

《阴霾》摄影 李继强

　　操作密码:阴天的感觉使人有点压抑,这很正常,不同的天象下,抒发不同的情感啊。
　　5D Mark II、EF100-400 镜头、P 档、1/500 秒、手持拍摄。

什么是EF-S镜头?

　　EF-S 镜头是充分发挥 APS-C 尺寸相机优点的创新型镜头

　　EF 后带有 S 字符的 EF-S 镜头是针对采用 APS-C 尺寸图像感应器的相机进行了优化的镜头产品。S 表示 Small Image Circle(小成像圈) 的意思。

　　广角 EF-S 镜头的特征是缩短了后焦距。后焦距是指当对焦于无限远时镜头最后 1 枚镜片至像方焦平面的距离,EF-S 镜头通过缩短这一距离,同时实现了超广角和小型化。缩短后,焦点可以说是超广角镜头设计的基本理论,但镜头后端的突出部分会变大,对常规的相机来说可能会接触到相机的反光镜,所以会受到一定的限制。而采用 APS-C 尺寸图像感应器的相机,由于图像感应器较小,反光镜也可以实现小型化,同时再对反光镜动作进行调整 (升起时稍向后运动),解决了与反光镜接触相关的各种问题。

EF-S 10-22mm f/3.5-4.5 USM

　　该镜头是专为采用 APS-C 尺寸图像感应器的 EOS 数码单反相机设计。因此，无法与其他机型搭配使用，主要是为了避免与反光镜接触，镜头后方设有橡胶制的防护装置，镜头、机身上均有专用的安装标识——白点。

《望 春》摄影 吕善庆

　　EOS50D 相 机，18-200mm 镜 头，后 期 Photoshop 剪裁，加字。追求画意效果，是花卉摄影的表现方法之一，诗情画意相得益彰，在表现和升华中，抒发情感，拉近与读者的距离。我了解作者，在摄影上下了很大功夫，运用 RAW 在后期中取得画质的提高，平时勤动笔，思路敏捷，有想法，有创意，修养就是这样积累提高的。

镜头焦距与视角

　　镜头有各自固有的焦距，焦距不同拍摄范围也相应地变化。变焦镜头也是同样，当变焦到一定焦距时的固定视角与该焦距定焦镜头是相同的。下面这个图将说明镜头所具有的焦距与视角的关系，同时学习因视角变化所导致的照片效果变化。

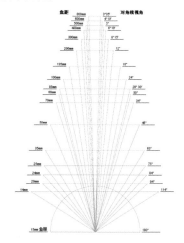

　　视角根据镜头焦距长短变化而同时发生变化。在远摄端，焦距变长时视角变狭窄，与之相反，当广角端，焦距变短时视角变得更宽广。在实际拍摄时，同时考虑与被摄体的距离因素的话，照片的风格会发生很大变化，当被摄体与相机的位置一定时，采用远摄区域可以使被摄体放大，而广角区域则使被摄体缩小，这正是由于视角随焦距变化而出现改变所导致的。

　　焦距越偏向广角时视角越宽，采用 35mm 全画幅相机时，14mm 镜头的视角甚至可以达到 114 度。相反，300mm 镜头的视角仅为 8 度 15 分，非常狭窄，可对被摄体的一部分进行放大成像。当图像感应器尺寸变小时，视角自动变窄。因此，为了获得 50mm 镜头在 35mm 全画幅图像感应器条件下所得到的 46 度视角，APS-C 尺寸相机必须使用焦距为 33mm 左右的镜头。使用 35mm 全画幅相机时，16mm 焦距已经属于超广角镜头的范围了，但在使用 APS-C 尺寸相机时，焦距将导致 1.6 倍左右的视角变化，镜头只相当于约为 25mm 焦距的标准广角镜头。在远摄一侧，全画幅下 300mm 焦距的镜头安装于 APS-C 尺寸相机时，视角相当于 480mm 的超远摄镜头。理解了这一关系后，就能够体会到焦距、视角以及图像感应器的不同所带来的差异，能够更好地运用镜头，APS-C 尺寸相机可以使用所有 EF 系列镜头，这也是我偷着乐的理论依据。

24mm广角镜头摄

虽然镜头的焦距一定，但图像感应器尺寸不同也会导致视角变化。焦距与视角会因图像成像面，也就是图像感应器的面积大小而发生变化。不管使用何种相机，只要是采用同一镜头，焦距本身就总是一定的。但图像感应器尺寸越小，实际视角就会随之变得更加狭窄。因此，当图像感应器尺寸变小时，为了获得与 35mm 胶片等同的视角，就需要将镜头向广角范围调节。相反，在远摄范围时，图像感应器尺寸越小则视角越狭窄，因此它可提高远摄效果。

640mm长焦拍鸟

以视角为中心来考虑其与焦距的关系，会因为所使用机身不同而产生很大变化。因此需要根据图像感应器的尺寸来选择镜头。"根据图像感应器的尺寸来选择镜头"对这句话，我来了个反向思维！"根据镜头来选择图像感应器的尺寸"。我有很深的体会，我用 EOS 5D Mark II 加 24-70 镜头，因为是全画幅，镜头的焦距是如实反映，我还有一个 100-400 的大白镜头，为了不更换镜头，也为了赚长焦，我为该镜头配了一款 APS-C 的机身，于是，长焦乘上 1.6 变成 640mm 了，我打鸟时，得心应手啊。

解读镜头上的符号

这是 EOS 5D Mark II 的原配的镜头，镜头全称 EF24-105mm f/4L IS USM。我以该镜头为例，来解释镜头的操作。

EF 24-105mm f/4L IS USM
① ② ③ ④

镜头名称里包括了很多数字和字母，各数字、字母都有特定的含义，了解这些标记的含义就能够明白镜头的特性，对拍摄时的操作会有帮助。

EF 的含义

这是佳能相机的专业符号。适用于 EOS 相机卡口的几乎所有镜头均采用此标记。如果是 EF，则不仅可用于胶片单反相机，还可用于全画幅、APS-H 尺寸以及 APS-C 尺寸数码单反相机。

EOS 相机的镜头种类很多，介绍一下符号的含义：

EF-S 的含义

EOS 数码单反相机中使用 APS-C 尺寸图像感应器机型的专用镜头。S 为 Small Image Circle（小成像圈）的字首缩写。

MP-E 的含义

最大放大倍率在 1 倍以上的，也就是我们常说的微距镜头。如 "MP-E 65mm f/2.8 1-5X 微距摄影 " 镜头所使用的名称。MP 是 Macro Photo（微距摄影）的缩写。

TS-E 的含义

可将光学结构中一部分镜片倾角或偏移的特殊镜头的总称，就是我们常说的移轴。佳能现在备有焦距分别为 24mm、45mm、90mm 的 3 款镜头。

24-105mm 的含义

焦距的意思。表示镜头焦距的数值。定焦镜头采用单一数值表示，变焦镜头分别标记焦距范围两端的数值，mm 是毫米。24 是超广角，105 是中焦，包含 28,35 的广角,50 的标准焦段，是经常使用的变焦范围。

f/4 的含义

表示镜头亮度的数值，也表示该镜头的最大光圈。与专业用的 F/2.8 来比小了点，适用范围受限制。但要说一下，一般定焦镜头采用单一数值表示，而该变焦镜头采用单一数值表示，说明该镜头的最大光圈亮度，不随焦距变化而变化，从 24-105 各焦段的的最大光圈是恒定的，分别表示广角端与远摄端的最大光圈都是 f/4，只有最小光圈值随焦距变化而变化。

L 的含义

L 为 Luxury（奢侈）的缩写，表示此镜头属于高端镜头。此标记仅赋与通过了佳能内部特别标准的具有优良光学性能的高端镜头。L 镜头是佳能相机使用者的最好选择，价格当然会贵一些，在购买镜头上，我相信一分钱一分货的道理。

IS 的含义

IS 是 Image Stabilizer（图像稳定器）的缩写，表示镜头内部搭载了光学式手抖动补偿机构。手抖动补偿通常主要是通过光学式补偿或是高感光度扩充快门速度这两种手段，光学式是靠镜头里的陀螺仪来补偿，较后者对画质的影响，效果好得多啊。

USM 的含义

USM 表示自动对焦机构的驱动装置，采用了超声波马达（USM=Ultrasonic Motor）。USM 将超声波振动转换为旋转动力从而驱动对焦。传统的马达都是基于电磁原理工作的，将电磁能量变换成转动能量。而 USM 则是基于利用超声波振动能量变换成转动能量的全新原理来工作的。

人耳所能听到的声音频率范围大约在 20 赫兹～20 千赫兹之间，而超过 20 千赫兹以上，人耳无法辨识的频率便称为超声波。

那么究竟什么是超声波马达？其基本工作原理又如何？简单地说，利用压电材料输入电压会产生变形的特性，使其能产生超声波频率的机械振动，再透过摩擦驱动的机构设计，让超声波马达如同电磁马达一般，可做旋转运动或直线式移动。

通常电磁马达运转时我们会觉得有杂音，这是因为马达内部结构产生振动，而振动频率恰好在我们耳朵可以感受的频率范围内。超声波马达的振动频率则设计在人耳所能听到的范围之外，所以当它运转时我们感觉不到有声音，因而觉得非常安静，这是超声波马达一个相当重要的特色。

USM 的工作环境温度是：-30℃ ~ +60℃。

再说几句

相机镜头的名称是表示各自性能的关键字。对没有镜头知识的人来说，它只不过是数字与记号的罗列。但如果对镜头有足够兴趣的话，理解并掌握其名称的含义后，只要看到镜头的名称就能够大致了解它的特性。EF 系列镜头的命名采用一定的规则，通常情况下①表示镜头的种类，②表示焦距，③表示最大光圈。这样的标记顺序适用于所有镜头产品。需要注意的是④以后的标记因相机种类不同而异。各种标记和数值都体现了功能方面的不同特征。

《远 眺》摄影 李继强

操作密码：注意到画面里的小船了吗？因为它的出现给画面产生活气，也产生比例。风光摄影多用小光圈是正确的，我看到有些人喜欢用最小光圈，我的习惯是用 f11 或者 f16 的光圈。这样画面非常清晰，但不要用最小光圈，因为小孔衍射会导致画面清晰度有一定的下降。可以适当增加点饱和度和反差，一般锐度要少动。

5D Mark II、EF100-400 镜 头、A 档 F11、照片风格：风光、手持拍摄。

解读镜头上的部件

EF24-105mm f/4L IS USM镜头

这是印在 5D Mark II 说明书 21 页上的镜头线条图。我来解释一下他们的含义。

对焦模式开关

在镜头上，将对焦模式开关拨到 AF 时，你轻点快门，相机就可以自动对焦，这是由相机里的对焦模式工作的结果。如果将对焦模式拨到 MF 时，只能用手动对焦，轻点快门没反映，自动对焦不能操作。

一般都是拨到 AF 上啊，有一次，一个学生说："我的相机好像坏了，照片有时清楚有时模糊"，我检查了一下，没打开 AF 开关！相机与被摄体的距离刚好合适，就清楚啊，其余的当然都模糊了。要养成一个习惯，每次拍摄前检查一下，打开自动对焦开关，而且轻点快门能听到蜂鸣音。如果忽略了，相机屏幕小，有时还不好发现，等一上计算机，傻了。

MF 什么时候用？一般是对焦困难时，说明书罗列了 20 多种情况需要手动对焦，你看一下。我可以举个例子，如去动物园拍老虎，自动对焦很容易把笼子对焦，而老虎是虚的，因为对焦是以最近点为准的。这时候你用手动对焦，就可以选择对焦点了。

在实时取景拍摄时也最好使用手动对焦，而且还要放大对焦，当把摄影做为娱乐或喜欢精确对焦时，把开关拨到 MF，慢慢的转动对焦环，看着喜欢的美景慢慢的清晰的呈现出来，那感觉，那滋味，就是一种享受。

遮光罩卡口

镜头上的遮光罩都是专用的，型号卡口都不一样，如 24-105 这款头的遮光罩代号是 EW-83H。遮光罩可以遮挡多余的光线，还可以保护镜头表面不沾上雨、雪、灰尘等。将镜头存放在包中时，还可以反向安装遮光罩。

安装时将遮光罩上的红色标记与镜头边缘上的红色标志对齐，将遮光罩顺时针转动到位。特别是花瓣形的遮光罩，如果没有正确安装，图像的四周可能显得较暗。安装或取下遮光罩时，请握住遮光罩的底部转动。如果握住遮光罩的前缘，遮光罩可能扭曲变形而无法转动。

我用 24-70 和 100-400 两个镜头，遮光罩都是圆筒状的，有一次去动物园摄影，把两个遮光罩搞错了，怎么也安不上，鼓捣了一会，对换过来就搞定了，看似简单的问题，也犯错误。

滤镜螺纹

镜头的螺纹是用来安装滤镜的。镜头的螺纹都是一样的，只不过各种镜头口径不一样。

对焦环

在全自动对焦状态下，对焦环一般摄影人都不去碰，这里有个全时手动对焦概念，我说一下，早期变焦镜头，如果打开自动对焦，就不能再拧对焦环，好多变焦镜头都是这样拧坏的。现在的变焦镜头几乎都可以在自动对焦后，再手动调整对焦环来微调。购买镜头时要注意一下，如果是早期镜头操作时可要注意。

图像稳定器开关

图像稳定技术通过运用一个可移动的光学

元件实现稳定图像的目的。可移动的光学元件通常连接到一个快速的回旋装置上，以补偿照相机在长焦端的高频率抖动（例如拍摄者手部抖动）。佳能 EF 系列单反镜头以 "IS"（Anti-Shake）代表带有图像稳定器，而尼康在尼克尔镜头上使用的是 VR（Vibration Reduction）。

通常，图像稳定器可以让用户使用比正常安全快门速度慢 2 级的快门速度进行手持拍摄，而保持照片清晰。例如当你拍摄某个场景本来需要用到 1/500s 的快门速度，在开启了图像稳定器后，你可以 1/125s（慢 4 倍）的快门速度进行拍摄，保持照片清晰。图像稳定器往往能在光线较弱的环境下拍摄运动场景、拍摄微距作品和使用长焦段拍摄中大显身手。

图像稳定器一般安装在有长焦的变焦镜头上，我的 24-70 就没有，100-400 的大白有两种模式，对应静物摄影用 "模式 1"，对运动物体追随拍摄时使用 "模式 2"。

图像稳定器 IS 是通过传感器检测相机的运动，并根据运动量（抖动量）移动光轴补偿光学元件（镜片），来消除抖动的装置。作为基本模式的 "模式 1" 就是假定被摄体为静止不动，通过镜头内部光轴补偿光学元件的运动，对上下左右任何方向的抖动进行补偿。"模式 2" 是为了进行追随拍摄而设置的，在移动镜头拍摄时，如在一定时间内持续发生较大抖动，则在此方向上的抖动补偿将自动停止。这样取景器内的图像也会变得稳定。此外，在水平方向进行追随拍摄时，不补偿水平方向的抖动，只有垂直方向还在持续进行抖动补偿，从而消除垂直方向上产生的手抖动。由于没有进行多余的补偿，防抖功能能够更好地根据拍摄者的意图进行拍摄。

在手持相机拍照时，建议你打开图像稳定器开关，提高画面的清晰度，在使用三脚架时建议你关闭它。

距离标度

这个标度是手动对焦时使用的，标度上的读数表示聚焦点到相机的距离。也就是说，在手动对焦模式下，只有当距离标度上的读数等于相机到被摄物体的距离时成像才能清晰。当然，在自动对焦时聚焦后也可以通过距离标度估计相机到被摄物体的大致距离。对于一般摄影人来说，只是一个显示对焦距离的 "显示屏"。

红外指数

在红外摄影时，红外线指数能矫正对焦设定。先对摄影主体进行手动对焦，然后移动对焦环使其符合红外线指数标识，以此来进行距离设定的调节。红外线指数的位置是根据波长 800nm，在摄影时需使用红外滤光镜。

变焦环及标志

对于变焦镜头要根据取景情况来改变焦距，是经常性的操作动作，变焦镜头有两大类，一类是双环的，也就是说，变焦和对焦是分开的，这款镜头就是双环的，一个对焦环，一个变焦环，操作时请用手指转动镜头上的变焦环，向右转是广角，向左转是长焦。另一类变焦镜头是单环的，如我的 100-400 的大白镜头，就是单环的，变焦是推拉式的，往前推是长焦，往后拉是中焦。

要注意，如果要变焦，请在对焦前操作。合焦后转动变焦环可能会稍微脱焦。

变焦标志是用来参考的，指示现在的焦段数，没有什么实际意义，谁也不会按焦距数去拍片的。

触点

也叫电子卡口，镜头一侧的电子触点数量为 7 点。镜头与相机通过这些触点瞬间完成双向数字通讯。将对焦镜片的位置信息、来自手抖动补偿机构的数据以及变焦信息等，传递给处理器，与相机联动，向各驱动装置传递动作命令。相机和镜头之间进行着的各种数据通讯，仅与镜头相关的瞬时信息就多达 50 多种。并且通过完全电子卡口化，消除了超远摄镜头常见的反光镜阴影现象。

镜头安装标志

安装 EF 镜头对准红色标志卡入。

安装 EF-S 镜头对准白色标志卡入。

EF 镜头与 EF-S 镜头的结构略有差异，为了避免误将 EF-S 镜头安装于不匹配的相机机身上，设置了专用的白色标志。EF-S 镜头应对准机身侧的白色标志牢固安装。另外要注意，EF-S 镜头不能用于除 APS-C 尺寸以外的佳能 EOS 系列数码相机产品。而 EF 镜头则可用于所有佳能 EOS 系列数码相机。

《沧海的见证》摄影 肖冬菊

操作密码：大海、椰林、礁石、情侣、长焦、视点、屏息、定格。

5D Mark II、EF28-300 镜头、手持拍摄。

L的含义？

L 是佳能镜头的标识。L，是英文 luxury（奢侈，华贵）的缩写。

如果佳能镜头名称中带有 "L"，则表示此镜头采用了佳能先进的技术和昂贵的材料，具有极佳成像素质。L 镜头的明显标志是镜筒上醒目的红圈。

北京电影学院摄影学院的副院长曹颋说，早在 "银盐" 影像时代就开始使用佳能的相机与镜头，用他的话说 " 当时向往拥有一支带有 " 红圈 " 的镜头，不是为了提高拍摄影像的品质而是为了 "面子"，总觉着能用上标识着 "红圈 " 的镜头，就如同牛仔挎着镶着宝石的左轮枪，打得准不准先不说，看着就那么有面子，透着专业的气息！现在，不像过去那么幼稚了，但依然喜欢红圈，确实感受到红圈头所带来的高品质影像"。曹颋常用的镜头是 24-70L 和 70-200 F2.8L IS，而且很喜欢这两支镜头，下一步希望再添一支 85L II。

《会唱歌的石头》摄影 肖冬菊

操作密码：如果石头会唱歌，一定是个男低音，伴唱的一定是一群浪漫的姑娘，在合声中为夕阳催眠。

5D Mark II、EF28-300 镜头、手持拍摄。

佳能长焦定焦镜头情况?

EF 卡口还拥有目前最齐全的长焦定焦镜头,从 EF 200mm F2L IS USM 到 EF 1 200mm F5.6L IS USM,包含了十余个产品可供选择。标志型的白色镜身喷漆往往在各类体育比赛现场形成一道别致的风景线。而在风光与生态摄影中,这些"白炮"也同样起到了决定性的作用。好利来集团的总裁罗红,常用的镜头是 800L、600L 和 400L 等定焦镜头,其中非常喜欢 800L 和 200L。著名野生动物摄影师奚志农,常使用的镜头是 500mm、800mm 长焦定焦,以及 16-35L 和 180mm 微距,而且他非常喜欢 500 F4L 这款镜头。

《异国情调》摄影 肖冬菊

操作密码:长焦的感觉真好,构图简单多了,通过镜头看去,几乎都是可以拍摄的画面,这可不是国外的场景,而是三亚海滩的露天浴场。

5D Mark II、EF28-300 镜头、打开防抖,手持拍摄。

佳能特殊镜头的情况

在 EF 卡口镜头群中还包含了多种特殊镜头可供选择,它们能进一步拓展拍摄空间,提升表现力。微距镜头可以在近距离拍摄中,对肉眼难以分辨的微观世界进行成像;TS-E 系列移轴镜头则可以通过控制焦平面修正透视畸变,因此在建筑摄影中大放光彩;拍摄建筑的陈溯经常使用的是 17mm、24mm、45mm 这三支移轴镜头。他认为 17mm、24mm 两支镜头由于

针对数码单反而进行优化,因此成像质量非常优秀,像场也更大,对这两款镜头非常满意。曾获美国职业摄影师协会"世界杰出摄影师"称号的建筑摄影师傅兴,他最喜欢 17mm 和 24mm 两支移轴镜头。在他看来,新一代的佳能镜头有很大程度的改善,无论是分辨率、色彩、反差等,都比老款镜头更好,他希望接下来能拥有 45mm 移轴镜头和 100-400L 镜头。特殊镜头里还有,EF 135mm F2.8 柔焦镜头,可以提供柔和而不失细节的效果,为人像、静物拍摄增添别样的情调。

《孤独的摄影人》摄影 吕善庆

操作密码:没有孤独就没有艺术,丰富的孤独、大面积的留白产生艺术感觉和味道。

EOS 50D、EF-S 18-200 镜头、在理智的思考下,轻轻按下快门。

佳能最大光圈镜头

历史上,佳能曾经推出过一只 EF 50mm F1.0L USM,这是光圈最大的自动对焦镜头。而现在,EF 50mm F1.2L USM、EF 85mm F1.2L II USM 依旧是同级别中光圈最大的量产镜头。大光圈镜头为拍摄提供了更多可能性,用户可以充分利用大光圈获得背景虚化效果及弱光下的手持相机拍摄拍摄的可能。包括 EF 135mm F2L USM 在内,这些镜头都已经成为人像摄影的利器。

《师徒 MarK Ⅱ》摄影 吕善庆

操作密码：与志同道合的朋友一起采风创作，是一种享受。好一个50D，竟把两个Mark Ⅱ拿下。

EOS 50D、EF-S 18-200mm镜头、一脸坏笑地按响快门。

喜欢广角的选择什么镜头？

EF 14mm F2.8L Ⅱ USM、EF 24mm F1.4L Ⅱ USM 和 EF 35mm F1.4L USM 因为拥有广阔的视角和出色的画质而得到了人文纪实、风光建筑摄影师的喜爱。尤其是 14mm 超广角镜头具备 114 度的超广视角，无论是近距离的特写或者大场面的收录，都有着别具一格的动态表现力。

如何用好广角镜头

使用广角镜头，焦距已经非常远离我们习惯的标准视角了。在这种视角下，摄影人首先注意到的是夸张的透视、扭曲变形的边缘和前后景的关系。

使用广角镜头，图片中会收入更多的场景

和被摄体，有些较暗，有些较亮，有些近，有些远，这些明暗反差会对你相机的动态范围提出一定要求。

如果拍摄时镜头方向没有保持水平，那么画面中的垂直线条就会发生"汇聚"现象，建筑物看起来像是发生了倾斜，如果你不希望出现这种效果，那么就要确保相机位置保持水平。另外也可以通过后期处理修正这种变形，不过这样会影响照片质量和尺寸。

由于夸张的视角，通常广角镜头很难保证整张照片的锐度。收小光圈是一个有效的做法，但即使是 f/11 或 f/13，也无法保证完美的锐度。因此你需要决定把焦点对在哪里，以及你手中镜头的最佳光圈。大面积的风光我一般都把焦点对在画面的前三分之一处。

对广角镜头来说，自动对焦也会出现一些问题。即使距离很近的被摄体也会显得非常小，因此有时对焦困难。此时手动对焦也许是个更好的选择，可以打开"实时摄影"功能，在屏幕里先确定一个视觉中心，然后手动对其对焦。

广角镜头要面对的另一个问题是镜头耀斑。由于视角较大，拍摄场景中往往会有明亮的光源，这就足以产生具有破坏性的耀斑。最适合使用广角镜头的时间是被称为"魔法时刻"的清晨和黄昏。广角镜头在冬天的表现更好，因为大雪会降低天空与地面的光比。

要善于使用三脚架。很明显，对于超广角镜头来说，在一日的清晨或黄昏拍摄，或收缩光圈至 f/11，加上需要用"实时摄影"功能来手动对焦，都意味着需要使用三脚架，对于风光和建筑摄影来说，这不成问题。但是对人像、运动或街拍来说，恐怕就不太适用了。解决的办法一般是开大光圈或提高感光度。

对建筑摄影来说，反差比分辨率更重要，

另一件重要的事是找到所有直线的"汇聚"点，并对其对焦。

广角镜头不适合用来拍人像，除非你希望得到一种卡通般的漫画效果。在极近的距离拍摄，靠近镜头的物体会被夸张地放大，比如鼻子和前额。不过在拍摄环境人像时，超广角镜头是很有用的，可以在商店、办公室或工作室中拍摄，表现出人物生活工作的环境。

超广角镜头很适合用来讲故事，会给画面增加戏剧般的效果，使画面更具表现力。它可以向我们展示出从未见过的场景。

8条可以借鉴的表现技巧：

（1）在前景中布置一些有趣的东西，否则画面中会出现大片的空白。对于风光摄影来说，可以降低机位，在前景中摄入一些野花或石头。

（2）注意寻找对构图有帮助的线条，给画面增加更好的视觉效果。

（3）注意有趣的天空。因为超广角镜头会摄入大量的天空画面，可以利用云彩来填补，并注意地平线的位置。

（4）拍摄建筑时尽量保持相机水平，并且注意画面不要拍摄的太满，给后期调整留余地。

（5）在空气干净的天气里，偏振镜可以增加色彩饱和度，而多云天气中适合使用中灰渐变镜。

（6）靠近被摄体。你离被摄体越近，画面的戏剧效果就越强烈。

（7）仔细检查画面，不要拍到无关的东西，尤其是超广角镜头，比如你的双脚、三脚架支脚之类。

（8）在拍摄风光时如果光线较暗，要使用三脚架或豆袋来稳定相机。

《守护家园》 摄影 吕善庆

操作密码：大光圈的效果、结实的焦点、冷静的感觉。

EOS 50D、EF-S 18-200mm镜头长焦端，手持拍摄。

佳能EF镜头的科技含量怎样？

佳能在镜头研发上一直不遗余力，人工萤石、非球面、超声波对焦马达、镜头浮动防抖组件等新技术，都是由佳能最早引入镜头产品中。现在，新型的第二代IS防抖、SWC亚波长镀膜等新技术已经展现在我们眼前，我们希望更多的摄影师能够看到这些技术对于影像品质的作用，让手中的相机在各自的创作领域中发挥更大的威力。

好镜头谁都喜欢，我在佳能网站里浏览这些镜头，心里痒痒的，你知道我最想拥有的镜头是什么吗？就是新款的24mm移轴，而且对这支镜头的效果充满期待！

名词解释：

什么是人工萤石？

萤石的光学价值很高，是一种优秀的光学材料。萤石制成的镜片具有目前任何光学玻璃都无法比拟的光学素质，具体表现在极好的抗色散特性，没有萤石制造出来的镜头，色散和色差是很可怕的，直接影响到成像的品质。然而由于纯净的大块萤石极难寻觅，使得采用萤石镜片的镜头造价极昂，异常珍贵。大家都知道德国的镜头成像好，这与几十年前德国就用天然萤石制造镜头有关系。值得庆幸的是在上世纪60年代人工合成大块萤石的技术被发现并用于镜头制造，使得寻常消费者也能一睹萤石镜头的芳容。佳能的萤石是将萤石粉碎后再通过人工结晶成为整块的萤石，和之前德国镜头的天然大块萤石打磨的之间还是有区别的，只不过成本的确相对低廉，而且磨制镜片的成品率或者直径都能够更加大，要不然像现在的变焦镜头动辄十几个镜片，里面加几片萤石，那真的每个镜头都是量产的了。

再说几句，用几乎没有色差的萤石制作的萤石镜片，光线的折射率极低、是低色散的，不仅具有卓越的红外、紫外线透过率，而且还能更好的清除影响拍摄画面锐度的色差。

萤石（Fluorite）是在高温时能够散发光芒的神奇镜头。由于它拥有夏夜飞舞的萤火虫一样的美丽色彩，因此被命名为"萤石"。萤石是由氟化钙（CaF2）结晶形成的。它明显的特征是折射率和色散极低，对红外线、紫外线的透过率好。但值得关注的还有一点：它还具有一般光学玻璃无法实现的鲜艳、细腻的描写性能。因为光线通过一般透镜产生的焦点偏离会出现颜色发散，使拍摄图像的锐度下降，我们称之为色差。萤石镜片因为光的色散极少，几乎没有色差，所以最适用于摄影用的镜头。但在自然界中几乎没有可用于单反相机镜头那么大的萤石，所以制造人工生成的萤石镜片可以说是人们长久以来的愿望。

佳能在上世纪60年代末开发出萤石的人工结晶生成技术，并在白镜头、超远摄L镜头系列中采用了萤石镜片。在单反相机镜头上使用萤石的只有佳能，因其描写的细腻性和高对比度，得到了全世界摄影师的高度赞赏。

什么是非球面？

在显现拍摄对象时，球面镜片会出现各式各样的"扭曲"现象。单反相机的镜头通常由多枚球面镜片组合而成。但无论技术如何进步，理论上球面镜片存在着无法将并行的光线以完整的形状聚集在一个点上的问题，因此，在影像表现力方面，必然具有一定的局限性。非球面镜片是解决大光圈镜头的球面象差补偿、广角镜头的影像扭曲补偿、变焦镜头的小型化这三大问题必不可缺的技术之一。佳能在上世纪60年代中期开始进行非球面镜片技术的研发，确定了设计理念以及精密加工、精密测试的技术；并于1971年成功实现了世界首创的单反相机用非球面镜片的商品化。

传统的球面镜片，不仅镜片较厚，而且透过镜片周边看事物有扭曲、变形等现象发生，称为像差。非球面镜片它的表面弧度与普通球面镜片不同，非球面在设计上，修正了影像，解决视界歪曲等问题，同时，使镜片更轻、更薄、更平。镜头是影响影像品质的重要关键，如果镜头品质不佳，自然难拍摄出清晰的画面，传统的摄影机镜头所采用的镜片，可以通称为球面镜头，这是以镜头内镜片的表面曲线为球面形状来命名的。顾名思义，非球面镜头就是采用了不同于球面曲线的技术，也就是镜片研磨的形状将依据设计功能上的不同而会有不同形状的曲线，因此统称为非球面镜头。

传统的球面镜头有何缺点？为什么需要采用新一代的非球面镜头呢？这是因为传统球面镜头为了校正相差、色差、球差、彗差、畸变、相散等问题，必须采用多片镜片来校正，这使得镜头的体积变得较大，由于每个镜片多少会有精度上的误差，因此要达到理想值并不容易，非球面镜片由于在设计时便已经考量到校正的因素，因此可以减少镜片的数量，使得镜头的精度更佳、清晰度更好、色彩还原更为准确，镜头内的光线反射得以降低，镜头体积也可以缩小。

什么是超声波对焦马达？

USM 是超声波对焦马达的缩写，该功能使对焦的过程变得快速而准确。

快速而准确一直是各相机、镜头生产商的研究目标。一般自动对焦系统由传统的电磁马达驱动，多数厂商的设计都是以机身马达驱动镜头的自动对焦系统。而佳能的 EF 镜头则在每支镜头内置自动对焦马达，自动对焦速度受机身等级影响稍小。

佳能 EF 镜头内的超声波马达（USM）是世界上首创的镜头内置超声波马达，于 1987 年首次使用于 EF300mm f/2.8L USM 镜头上，马达由超声波的振动力驱动，操作更加快速而宁静，为 EF 镜头提供快速、精确和接近无声的自动对焦操作。由于 USM 直接驱动式的结构非常简单，使镜头自动对焦系统更加耐用。

佳能的超声波马达分环形和微型两种，前者多使用于大光圈及超远摄镜头上，后者多使用于小型廉价镜头上，最主要的区别在于环型超声波马达可以实现全时手动对焦，但微型不行。

超声波马达的好处：

（1）有低转数高扭力的特点，峰值扭力可以在马达低转时输出，可以直接连接驱动组件，减少齿轮、皮带的使用。

（2）当对焦完成时，马达可发挥刹车碟的功效，令起动、停止的反应更灵敏。

（3）操作过程近乎无声。

什么是镜头浮动防抖？

镜头防抖的工作原理：是通过镜头的浮动透镜来纠正"光轴偏移"。其原理是通过镜头内的陀螺仪侦测到微小的移动，然后将信号传至微处理器，处理器立即计算需要补偿的位移量，然后通过补偿镜片组，根据镜头的抖动方向及位移量加以补偿，从而有效地克服因相机的振动产生的影像模糊。

什么是 SWC 亚波长镀膜？

这是一种采用不同于普通蒸气镀膜原理以防止光线反射的全新镀膜技术。镜头表面产生光线反射现象，是由于镜片玻璃和空气边界处折射率发生突然改变引起的。反射能产生眩光和鬼影，影响图像画质。为抑制光线反射，空气和玻璃之间的折射率应该逐渐减小。如果在空气和玻璃之间有一种能够平稳地改变折射率的镀膜，那么进入镜头的光从空气到玻璃，或从玻璃到空气时，就不会产生很多的反射。这就是亚波长结构镀膜（SWC）的防反射原理。早在 20 世纪 60 年代人们就已经发现蛾的眼睛可以有效抑制光反射，原因就在于其眼睛不平的显微表面可以起到低折射率镀膜的作用。

亚波长结构镀膜（SWC）在镜头表面形成一个小于可见光波长的楔形显微结构，这种结构能够持续改变折射率，从而消除折射率会突然改变的边界，能够实现比蒸气镀膜更理想的抑制反射效果。蒸气镀膜是镜头表面形成的一层小于可见光波长的薄膜，可以抑制光线反射，但随着光线入射角的增大，它的效果也会随之下降；而采用亚波长结构镀膜（SWC），即使光线入射角大，其防反射的效果依然出色。

佳能在 EF 24mm f/1.4L II USM 上率先使用了亚波长结构镀膜（SWC）技术，这项革新的技术对镜头特别是广角镜头，在抑制鬼影和眩光方面有着非常重要的价值。

使用佳能EF镜头拍摄的作品

在各种不同条件下进行拍摄，拍摄者始终对镜头持有高水准的要求。为了满足这些要求，好镜头应该具备6大因素，那就是信赖性、高画质、静音性、色彩重现性、自然的晕映效果及卓越的操控性。

什么是内对焦和后对焦?

不少镜头采用两个嵌套的管状结构，成本低廉，但在对焦和变焦过程中，镜头长度会发生变化，不便于使用偏振镜和特殊效果滤光镜。同时，由于套筒移动和抽吸空气，会导致灰尘进入镜身内部以及加快磨损，使用一段时间后镜头内部的灰尘会十分明显。采用内对焦和后对焦设计的镜头，在一定程度上可以克服上述问题。

镜头的镜组结构分为前镜组、中间镜组和后镜组。所谓内对焦 (Internal Focussing，简称 IF)，是指镜头在对焦时，前后镜组都不移动，而由镜头内部的一个对焦镜片组的移动来完成对焦，对焦时镜头长度保持不变。而后对焦 (Rear Focussing，简称 RF)，则是指对焦时前组和中间镜组不移动，通过后镜组的移动来完成对焦，对焦时镜头长度也保持不变。

为了减少焦距变化较大的微距镜头、非对称式广角的相差变化量，内对焦和后对焦设计常常采用浮动系统结构，该系统能够检测并分配不同镜组的移动量，以减少单个镜组的移动量，这样就能够保证即使在非常近的距离下，以及从近摄至无限远距离也能保持出众的镜头性能。

采用内对焦和后对焦设计的镜头特点是前镜组不移动，通过中间镜组或后镜组前后移动完成变焦和对焦。在使用中，镜头的长度不会变化，而且前镜组不会旋转，便于使用偏振镜和特殊效果滤光镜。由于镜组移动距离减小，对焦速度也很快。此外，还可以减轻镜片驱动的扭力，保持对焦时的稳定感。

操作密码：单色是一种表现的方法。在强烈的阳光下，把天空拍成黑的，是怎样做到的?

5D Mark II、点测光测亮处，照片风格：单色、反差+4、饱和度+4

镜头大白100-400mm体验

EF100-400mm/F4.5-5.6L IS USM 是佳能第一支 L 系列 IS 变焦镜头，覆盖范围从中长焦的 100mm 到超长焦的 400mm。这支镜头提供了众多先进的功能和极高的特性，其中包括双重模式影像稳定系统。新开发的光学系统达到了 L 镜头一贯的高画质，作为大变焦比的镜头还可以满足恶劣环境的要求。

镜头的光学系统采用 14 组结构，其中 5 组是移动的，能轻松地达到 100 至 400mm 的变焦范围，这也是佳能 EF 镜头中第一支 100mm-400mm 的变焦镜头。4 倍的大变焦比是依靠每组透镜分别移动来实现的。变焦操作的移动距离约 8mm，使用了与早期 EF35-350mm L 镜头一样的推拉变焦方式。

该镜头采用萤石玻璃透镜（第 3 片）与超级 UD 玻璃透镜（第 7 片）结合的顶级色散矫正，使降低望远镜头成像质量的轴外色差被完全消除了，画面分辨率和反差很高，而且在被摄体成像的边缘没有一点色散。

该镜头是第一支装有浮动机构的 EF 变焦镜头。它采用了后对焦与浮动机构，以保证 100mm 到 400mm 整个变焦段，和 1.8m（最大放大倍率在 400mm 处为 0.2 倍）到无限远的整个对焦范围内都有很高的成像质量。在对焦时，第 4 组和第 6 组分别移动，可以精确地补偿对焦到中短距离时的像差波动。

通过与光轴平行移动的补偿光学系统（第二组）就可以进行影像稳定（手颤补偿）操作。补偿光学系统驱动与 EF75-300mm IS 镜头一样，用两个振动检测陀螺测量手的振动。影像稳定器的效果相当于两级快门速度。而且像 EF300mm/F4 IS USM 镜头一样，这支镜头还有允许追随摄影的影像稳定模式，可以轻松地追踪移动物体。

环型超声波马达与后对焦方式结合，使该镜头达到了极为宁静迅捷的自动对焦效果。同时还可以进行实时手动对焦，也可以轻松地装上例如环型偏振镜和明胶滤镜架之类的附件。

在该镜头手动对焦环的后面，装有能随意设置变焦手感（变焦环摩力）的调节环。按顺时针万向（向 "TIGHT" 方向）旋转可以增加变焦环的摩擦力，如果完全锁紧，可把焦距锁定在某个特定值上。晚上支上三脚架拍月亮，推到 400 端锁定，仰拍不会往下滑，很方便操作。逆时针旋转（向 "SMOOTH" 方向）可以放松变焦手感，方便地进行快速变焦。

附带的 ET-83C 圆柱形遮光罩内部采用植绒处理，提供了极佳的防眩光效果。除了遮挡有害光线，遮光罩还可以在一定程度上保护镜头前组不受雨、雪和尘土的侵害。

可拆卸的三脚架环坚固而且旋转灵活，是镜头的标准配置。

装镜头的套桶是 LZ1324——一种新型拉链皮套。

EF100-400mm／F4.5-5.6LIS USM

主要特点：

这是一支配有影像稳定器的远摄变焦 L 镜头。采用萤石和超级超低色散镜片。浮动系统确保在整个对焦范围内都有很高的成像质量。此镜头的影像稳定器有两种模式，并可与 EF1.4X II 增倍镜和 EF 2X II 增倍镜兼容。

优点：

（1）防抖明显，由于加了 IS 功能，大大增加了该镜头的实战能力。；

（2）焦距、最大光圈：100—400mm/F4.5—5.6；

（3）做工精良；

（4）黑白搭配很舒服，解像力保持了佳能 L 级镜头一贯的优秀成像质量。

缺点：

（1）光圈太小；

（2）价格贵了些；

（3）广角端要是到 80 就好了。

（4）太重太大，不便携带，但这样的焦段，认了。

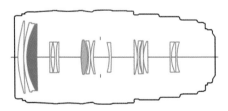

佳能 EF 100-400mm
f/4.5-5.6L IS USM 镜头结构图

镜头参数规格：

● 镜头结构：14 组 17 片
● 最小光圈：32-38
● 对焦距离（cm）：180
● 滤镜口径（mm）：77
● 放大倍率：0.2
● 光圈叶片数：8
● 遮光罩：ET-83C
● 镜头尺寸（mm）：92×189
● 重量（g）：1 360

《菊香》摄影 何晓彦

这是佳能 EF 100-400mm 镜头拍摄的作品

心情淡定如菊，春天的雏菊，在风中摇摆，轻轻掠过，留下一抹春天的菊香……

UV镜，用来过滤多余的紫外线

很多摄影人关心 UV 镜，其实，UV 镜就是一个附件产品，它就是一片紫外线滤镜。由于过多的紫外线会对成像质量造成影响，当然也起一个保护镜头的作用，如防尘和对镜头的划伤等，同时起到滤光作用，如紫外光线对成像的影响，例如在海边、山地、雪原和空旷地带等环境中，紫外线会导致所拍画面呈蓝色调，一枚好的 UV 镜就会极好地削弱这种效应。可别小瞧这块小玻璃片，价格从三四十元到上千元不等。对新人购买 UV 镜来说，最关心的一个问题就是，到底该买哪种价位的比较合适？

我的建议：

一是，应该与镜头价位成正比，如果你的镜头价位在 2 000 元以上，建议购买 200 元以上的，如果你的镜头低于 2 000 元，不用 UV 镜最好。

二是，在自己能承受的范围内，买最好的，一次性投资，心里更踏实。对于昂贵的镜头来说，不配一块 UV 镜，心里确实不踏实，如果质量太差，镜头都这么贵了，再被一块廉价的玻璃片折损一部分细节，心里更不踏实。所以仅从价位上来说，还是稍贵一点的好，求个心态安稳。

三是，是好是差，一照便知。

对影像店的老板来说，一听你要买 UV 镜就高兴了。因为，一台相机他可能只赚几十元，但像 UV 镜这些耗材，有的却能赚上百元甚至更多的钱。在老板介绍一大堆品牌及弄不懂的专业术语后，你可能有点犯糊涂了。其实判断 UV 镜质量的好坏很简单，有两个方法，一是不同价位的现场拍几张比较一下；二是在黑色背景下，拿 UV 镜当镜子照，如果可以看见自己清晰的面容，呵呵！恭喜你，这个 UV 镜千万别买！它不合格。照出影子越清楚，镜片和镀膜就越差，它就是一块玻璃。如果你在黑色背景下什么也照不出来，那就是你买的 UV 镜。因为透光率高的镜片，光线差不多都透过去了，基本不反射，所以什么都照不见。这时你就可以和老板谈论价格了。

再教一招：除了透光性，另外 UV 镜还分了很多档次，如分光学玻璃和镀膜的。鉴别的方法很简单，斜着对着光线看镜面有紫色或蓝色的光，就是镀膜的。还有一种更江湖的方法，

就是把 UV 镜放在验钞机和纸币之间。如果纸币的荧光亮度如常，那么该 UV 镜没有过滤紫外线功能，如果荧光亮度明显变暗，甚至消失，那么这块 UV 对过滤紫外线还是有帮助的。

再普及点关于 UV 镜的几种标识：

● N：普通玻璃（顾名思义）

● O：光学玻璃（可以有效过滤紫外线，同时大大增强透光量）

● MC：单层镀膜（可以大量削弱单色光 [通常是绿光] 的反射，加强其透过量）

● HMC：多层镀膜（可以削弱多种颜色光的反射，加强其透过量）

综上所述，UV 镜从次到好可以分为 6 个等级：①UV；②UV(MC)；③UV(HMC)；④UV(O)；⑤UV(O)(MC)；⑥UV(O)(HMC)

你的镜头该配何种 UV 镜

当然在选购 UV 镜时，首先要选和自己的镜头口径一致的 UV，其次才是对品牌的选择。如何选择，你就别费事上网查了，还是我来推荐几款吧。

首先，我推荐原厂的，其中尼康、佳能做得最好。

如果你的镜头是专业级镜头的话，最好选用原厂 UV，这样才能最大限度地发挥镜头的性能。其实原厂的 UV 镜并不是想象的那么贵，价位在 300 元左右的已经很不错，原厂的型号并不是很多，主要根据镜头的口径不一样，来确定价位，一般 70mm 以上的在 400 元左右，70mm 以下的在 300 元左右。用上面镜头举例：尼康 77mm 的多层镀膜 UV 镜参考价格：400 元，佳能 77mm 的多层镀膜 UV 镜参考价格：380 元。

其次，推荐肯高的，肯高的 UV 镜种类多，物美价廉。

要说最实惠的就是肯高 UV，种类非常多，价格也很平民化，一般价位在 100 元左右，建议买 HMC 多层镀膜的，普通玻璃的不要买。它们

可以从外包装上区别开来，绿色包装的为单层镀膜UV，黑色包装的为多层镀膜UV。肯高是一家以生产照相器材配件为主的公司，事实上，保谷、肯高、以及玛露美的产品都是源于同一家OEM厂的，所以其他几家的评判标准是一样的。选两个规格你参考：肯高37mm的多层镀膜UV镜参考价格：80元，肯高72mm的多层镀膜UV镜参考价格：128元

最后，推荐B+W，B+W品牌就是有点贵，当然，贵有贵的道理。

B+W品牌的镀膜技术非常先进，一个比较明显的特点是，当你往其UV镜上滴上水滴后，用手摇动镜片，水滴不会散开，只会在镜片表面滚动，一点儿都沾不到镜片上。它的MRC系列UV滤镜具有特殊的多层镀膜。这种镀膜能够有效抑制紫外线和分散的多重反射光，消除眩光和斑状的"鬼影"。此外，MRC滤镜比玻璃还硬，进而保护玻璃避免划伤。B+W它过去是一家独立的光学滤镜供应商，后与德国施奈德公司合并，成为施奈德旗下一个著名的品牌。

偏振镜，过滤偏振光的

买相机时不带滤镜，需要后配，一般买镜头就需要配上UV镜，保护镜头。配其他滤镜要符合自己的拍摄意图。

在UV镜的基础上，喜欢风光摄影的影友还可配置偏振镜，它可消除玻璃、水面、金属表面的反光，提高照片整体色彩饱和度，也可在晴天时压深天空的蓝色，提高反差，是风光摄影的必备滤镜。

不过它的使用有一定的技巧：它由两片镜片组成，拍摄时须边在取景器中观察效果，慢慢转动前面一片镜片，待反光消除或景物亮度最暗时才可按下快门。而且光线与相机镜头呈90°直角时效果最好。此外，由于偏振镜具有一定的光线减弱作用，所以在平时偏振镜也可以当作中灰镜使用，大约可以降低2档左右的快门速度。

偏振镜分为线偏（PL）和圆偏（CPL）两种，但对于数码单反相机而言，为了不影响自动对焦的精度，我们一般都选用圆偏。由于圆偏一般比较厚，为了不让其因为厚度而产生成像暗角，笔者建议尽量选择超薄的产品。

肯高是低端偏振镜的代表，如果经济许可，笔者还是建议购买一块比较好的偏振镜，譬如尼康或佳能原厂的，甚至B+W的偏振镜，毕竟劣质偏振镜对成像的影响比劣质UV镜要明显得多。52mm的B+W超薄圆偏也只要350元左右，不算特别昂贵，当然大口径和多层镀膜的价格自然就高多了。

《回忆的碎片》摄影 何晓彦

操作密码：照片就是留给记忆的，说它是碎片也对，因为记录的都是时间的节点，生活画卷的剖面。面对不断崛起的高楼，一个摄影人迷惘的看着、思考着，几十年来他见证了这一切，也习惯了喧嚣、拥挤，也在钢筋水泥里穿行着，他渴望宁静、淡泊，希望把现实变成对岸，眼光里带点慈祥的看着它。

5D Mark II、点测天空、拿着长镜头的摄影人，虽然很小，却是采分点。

《雾淞岛的地标》摄影 李继强

《阳光的游戏》摄影 何晓彦

操作密码：凡是去过雾淞岛的摄影人，都拍过这棵树，它已经成为该岛的标志，夕阳下它的舞姿多美啊。

5D Mark II、点测亮处的边缘、后期用Photoshop里的"滤镜"，处理了一下，强调感觉。

操作密码：大自然变幻莫测，当阳光穿过云层把树林渲染，远山默默的看着水中的倒影发呆，一切都是那么自然，又那样出乎意料，这也是摄影的魅力吧。

5D Mark II、点测亮处、A档F16、速度自动。

喜欢拍风光的，中灰镜也是必选的

中灰镜也称减光镜或密度镜，标识为ND。

在某些光线比较强烈的环境下，由于快门速度的限制，即使收缩到最小光圈也会使得拍出的照片曝光过度；或者在某些特定的需要使用慢快门的场合，如拍摄流水时需要延长快门时间以将流水拍成乳状的效果，或者夜景拍摄时拍出车河效果等等，这个时候中灰镜就可以派上用场。它可以在不改变图象色彩的情况下增加影像密度，使快门时间进一步延长或增大光圈，以改变正常的曝光组合。

视减光的程度不同，中灰镜分为ND2，ND4，ND8等几种，数字越大减光效果越强，可以分别减少1档、2档和3档的通光量。

遮光罩的用途？

遮光罩是安装在镜头前端，遮挡有害光的装置，是最常用的摄影附件之一。

严格地说，遮光罩是镜头光学系统的一个组成部分。一只镜头是由数枚或十数枚镜片组成。而每一枚镜片都会有两个反射面，一只镜头则存在着几十个反射面！反射面越多则对镜头成像的影响就越大！特别是在逆光或侧逆光拍摄时，多个反射面就会相互干扰形成光晕。光晕会使画面色彩暗淡，就是色彩不饱和或出现耀斑。有时所拍摄的画面就像朦上了一层薄雾，实际上这都是未使用遮光罩所造成的，而并非镜头的质量问题！

遮光罩的作用是抑制杂散光线进入镜头从而消除雾霭，提高成像的清晰度与色彩还原，主要用途如下：

（1）在逆光、侧光或闪光灯摄影时，能防止非成像光的进入，避免雾霭；

（2）在顺光和侧光摄影时，可以避免周围的散射光进入镜头；

（3）在灯光摄影或夜间摄影时，可以避免周围的干扰光进入镜头；

（4）遮光罩还可以防止对镜头的意外损伤，也可以避免手指误触镜头表面，而且在某种程度上为镜头遮挡风沙、雨雪等。

优质遮光罩的内壁是经过多重消光处理的。其内壁的反射率仅为10%左右，使用时本身不会对镜片产生折射。使用遮光罩对于抑制画面光晕、避免杂光进入镜头、阻挡雨雪溅落、保护相机和镜头免遭意外碰撞，充分发挥镜头光学的潜在素质等会起到良好的作用和效果。

除了镜头本身的光学素质以外，遮光罩的作用非常的明显，没有使用遮光罩的图片无论色彩、锐度和反差都不理想，而使用了遮光罩的图片在多方面都有良好的表现，小小遮光罩，效果大不同。

遮光罩有多种尺寸，应该与镜头焦距相匹配。镜头焦距越短，视角越大，遮光罩也就越短。如将标准镜头的遮光罩套在广角镜头上使用，势必产生画面四周不能成像的后果。

一般广角镜头配的遮光罩是花瓣形的，就是上下伸出长一些，两边短一些，这是因为广角镜头视角比较大，主要因为相机感光元件为长方型；长焦镜头的视角较小，遮光罩长度一般较长，而且不必做成花瓣的，所以圆筒形居多。

使用遮光罩既是提高画面质量的手段，也是一种良好的职业习惯，同时也是一个严谨摄影师专业素养的表现！

《雾凇印象》摄影 何晓彦

操作密码：去雾凇岛拍什么？正确的回答是："拍雾凇"，光拍凇就缺点特色了。尤其要带点创意的想法去拍，就更浪漫了。调整白平衡偏移可以达到这种效果，也可以用照片风格里单色的滤镜来实现。

5D Mark II、A档F11、EF24-70mm镜头、白平衡偏移试验。

安装镜头的方法

对于初学者来说，一般就一个镜头，只要对齐标志点，全画幅的是红点，APS-C的是白点，顺时针转动镜头就安装好了（尼康镜头的安装正好相反，是逆时针）。如果你就一个镜头，我建议你安好了就不要再拧下来，防止机身进灰尘，影响成像质量。

单反相机最大的魅力是更换镜头，镜头的数量和种类变化将拓展摄影的表现范围，镜头的性能差异也将直接反映到画质上。如果你有两个以上镜头，根据拍摄需要换镜头，要找灰尘少的环境，快速安装，还要把换下来的镜头，盖好镜头后盖。更不要用手指接触相机的电子触点，以免触点受到腐蚀，腐蚀的触点可能导致相机故障。

《临风》摄影 李继强

操作密码：白鹭村是我还想去的地方，自由的感觉真好，只有鸟鸣和快门声。

5D Mark II、A档F5.6、EF100-400mm镜头、连拍设置。

关于镜头的思考碎片

问：镜头对于你意味着什么？

答：135 单反相机为我们提供的多种多样的可交换镜头：从鱼眼镜头到超长焦镜头，从微距镜头到超大光圈镜头，有便宜的廉价镜头，也有比一辆新车还贵的顶级镜头。面对这么多镜头，你需要哪些呢？这取决于你是哪种摄影者！

问：你受镜头的限制了吗？

答：你幻想过要拍摄西藏的高山、海滩上的模特、或异国的节日吗？但我们大部分人在大部分时间都拍不到这样的作品。你的拍摄范围有限，通常在住所有限的半径内，大多数的远足是在外出度假或出差，偶尔一年里有两、三次摄影采风，也是可能。上一次你感到拍照受到器材的限制是什么时候？是什么样的限制？怎么解决？

最简单的解决问题的方法是：买一支新镜头：比如大光圈镜头用于低照度；微距镜头用于近摄；远摄镜头把远景拉得更近；广角镜头包括更多的内容。

解决问题也有其他方式：把感光度调高代替大光圈镜头；或使用三角架和长时间曝光；购买近摄镜片或皮腔代替微距镜头；截取放大照片中的一部分，代替长焦镜头；用接片的方法代替广角。如果采用这些办法的效果可以让你满意，你就不必去买新镜头。但如果你对效果不满意，或你的拍摄主体必须使用特殊镜头时，比如体育摄影，或微距，或使用移轴镜头等，如果你买得起，就果断的去买吧。

问：摄影对你的重要性？

答：有些人很在乎摄影，他们抓紧每一分每一秒，阅读摄影书籍和杂志，去摄影展览和相机店，"不是在景点，就是在去景点的路上"。"不带相机，不出门"。

还有更多放松的摄影者，他们想拍好作品，也想过得轻松。偶尔也会为摄影起个大早，也会参加某个摄影旅游团，花点钱去猎猎奇。

不管你对镜头投入了多少，都没有什么对错而言，只要你对自己拍的作品满意就行了。搞专业摄影的通常需要投入较多的钱去购买镜头，而业余爱好者就不必。但你必须意识到，从长远来讲，在镜头上付出的越多，你会得到的越多，这是有道理的。

问：那些镜头组合成你的摄影系统

每个爱好摄影的人，都有个摄影系统选择的问题。你现在用什么系统？镜头和附件完整吗？原厂镜头当然是最好的选择，可高昂的价格你能承受吗？

现在选择佳能系统的较多，我就拿佳能举例组合一个镜头系统：

原厂镜头组合：

佳能 EF 24-70mm F2.8

佳能 EF 70-200mmF2.8

两只镜头涵盖了超广角、广角、标准、中焦、长焦、超长焦。

对于专业摄影人来说将近两万元的投入好像很正常，对爱好者就好像奢侈了点。

《酸涩的坚持》摄影 李继强

操作密码：深秋的荷叶，在努力展现自己的完美，不管时间的嘲笑，我被感动，快门声有点酸涩。

5D Mark II、A档F8、EF100-400镜头，曝光补偿-0.7。

问：你考虑过改换系统吗？

答：大多数专业人士几乎不改换系统，也不会一次换掉所有器材。他们会一直不断地完善自己的系统，一步一步的，每次买入一个机身或镜头。这也是你应该遵循的方法。

有时我们会想拥有另一个系统，如果钱够用的话，我想我们会同样开心；可细想一下，改变系统不如坚持一个系统的好。除非你的系统确实限制了你想做的，或你确实不喜欢它，

不然不要改换系统，因为一个新的系统是需要花大量的时间和精力去学习掌握的。

不要听信杂志上或其他人说某个系统比另一个更好。如果你拥有并喜欢一个系统，就应该继续使用它。改变系统将花费更多，何不把钱用于增加镜头和附件。

经常提到机身，机身其实就是一个不透光的黑盒子，只要能把载体固定在距离镜头正确的距离上，快门精确，就足够了，对成像并无影响。即使最新型的机身也不一定比旧机身能拍出更好的照片，因为镜头决定了成像质量。新增加的性能和功能，只能加重操作的烦琐和让商家掏空你的口袋。举个例子，现在的数码机身里把很多应该在计算机里做的工作放在了机身里，在机身里这个性能的可操控性比计算机里可怜多了。

《凉爽的假日》摄影 李继强

操作密码：水从高处垂直流下，人们称这种现象叫瀑布。夏日它带来的凉爽，使人们走近它，它唱着只有自己能听懂的歌，让人们在它的面前发呆。

5D Mark II、A档F5.6、EF24-70镜头、曝光补偿-0.3。

问：你的镜头用来做什么

答：镜头在摄影中有两大类用处：记录性和创作性。有些人拍照了为了家庭留念，或给朋友看。有些为了参加摄影协会的比赛。有些用来挂在墙上。当然拍照的行为也有时是用来出售，有时为了参展。有一点要记住，作品不同的用途需要不同的相机和镜头。

● 对于日常生活中的留念照片，记录快乐时光不需要太高的镜头质量，最便宜的变焦头就能胜任，因为放大到大尺寸的机会不是很多，中高等价位的变焦头将超过你的需要和预算，买更贵的镜头是浪费。

● 一个专业的摄影师，购买昂贵器材时多花的钱主要用于器材的可靠性。对于镜头，花更多的钱，镜头将更锐利，也更可靠，这是生存和工作的需要。

● 如果你想参加比赛和给杂志投稿。定焦镜头和优秀的变焦头应该可以胜任。

● 黑白作品对于镜头的锐度要求高一点。尤其当作品放大超过 12 寸时，不同镜头的效果将非常明显。

● 对于需要放的很大的作品来说，镜头的分辨率将决定照片的质量，特别是当你使用 35mm 画幅时。对于这种质量，只有屈指可数的几支变焦镜头可以达到，优秀的定焦镜头将更锐利，是你更好的选择。

● 对于要销售的作品质量要求特别高。必须达到最高锐度，需要使用可能的最好的定焦镜头，而且拍照时还要尽可能小心。虽然，专业摄影中有一条更重要的定律：任何照片都比没有好。可是不尝试，就不会成功。

问：买你能买得起的镜头？

答：这个问题好像是废话，但从某种意义上讲这不仅仅是个钱的问题。也许可以这样讲："我想要这支镜头，但我不知道是否需要它"。

我给你的建议是：一但你决定需要某一镜头，我们强烈建议你去购买它，即使它的价格超出你的预想。千万不要去等，也不要因为便宜而降低标准，或其他人告诉你什么是你需要的，而去买别的镜头。一段时间以后，你的经济危机就会过去，而你也拥有了你想要的镜头。"平时要存下你的钱，不要买不相关的东西"，当需要到来时"先买下来，再计算花费"。不要买你不需要的。很多人拥有很多镜头，但他们百分之九十的作品都是其中的两三支镜头拍的，有些只是很普通的镜头，如 35mm 定焦或 28-70 标准变焦镜头。因此关键在于选择正确的镜头。如果你确实买不起你想要的镜头，选择你能买的起的最接近的。是的，更好的镜头将给你更好的照片，但一个优秀的摄影师用一个狗头能比一个拙劣的摄影者用一个优秀镜头拍出更好的照片，正确使用镜头和提高素质是两个最基本的问题。

问：如何将镜头发挥到最佳效果？

答：大部分镜头，无论是变焦、广角、还是远摄镜头，都能达到希望的效果，归根结底就是一个如何使镜头达到最佳表现的问题。也就是如何将一支镜头发挥到极限的问题。

一是，三脚架是镜头的好帮手。

三脚架笨拙不便，但它对于提高镜头成像锐度的作用是巨大的，并且镜头焦距越长，你就越需要三脚架。即使在"安全"快门速度下，比如 50mm 标头使用 1/125 秒，许多摄影师发现，使用三脚架与手持拍摄的照片相比，画面中的边缘线条更加清晰。

三脚架使你从容不迫，对创作是有好处的。有些时候确实需要快速灵活的手持拍摄才能得到更好的作品，但是，用更多的时间思考，作品通常会更好。这是令作品完美的忠告，对于大多数摄影人来说三脚架的使用频率太少了！

使用三脚架从技术上会带来两种好处，那就是不受光线限制来选择最佳光圈和可以选择最佳快门速度。

二是，使用最佳光圈。

对于任何镜头，选择成像最锐利的光圈，有两条经验。一是从最大光圈收缩两档，另一条是将光圈收缩到尽量小，两者都是有用的经验。对于 35mm 相机的绝大多数镜头，在 f/8 光圈将达到最佳表现，也就是接近或达到衍射限制分辨率。在 f/5.6，表现应该也很好，与 f/8 时接近，但在 f/4 应该可以看到像质下降，除了一些顶级镜头。另一方面，在 f/11 应该和 f/8 几乎没有区别，在 f/16 的成像只有在最严格的条件下才能发觉区别。然而你应该慎用 f/22 或更小的光圈。

三是，使用最佳快门速度。

一些研究显示，最常使用的快门速度，即 1/30、1/60 和 1/125 秒，对于大多数单反相机来说这几档快门速度，将产生最差的锐度。如果将快门速度提高到 1/250 秒或更短的时间，将能最大程度减轻反光镜和快门振动，对于 1/15 秒或更长的快门速度，这些振动已经结束，曝光期间大部分时间是无振动的。不同型号机身的情况可能有很大不同，并且如果相机有反光镜锁，对此也一定有影响。根据我的自身经验推断，快门速度的选择对作品的质量影响是相当大的。

四是，仔细对焦。

作品清晰的一个条件就是对焦精确。当你用大光圈或长焦时，对焦是否精确差异是很大的。还要了解你相机上的对焦方法。是 9 点的还是 45 点的，了解你手中那架相机的对焦原理，如它的显示方法，焦点漂移警告等。

在你想要的对焦点上对焦。焦点对到那里，一定要自己决定，而不是机器。只有把你感兴趣的被摄体恰到好处地留在取景窗中的对焦点上，才能达到准确对焦的目的，而不是想让人物清晰，焦点却对到后面的物体上。

了解最近的对焦距离。是 15cm 还是 50cm 等，超过最近对焦距离，相机是不能正确聚焦的。

半按快门聚焦是所有自动对焦相机的操作基础。操作方法：选择好要聚焦的点，半按下快门，当听见蜂鸣音或合焦灯亮起后，再将快门按到底。

掌握自动对焦的锁焦技术，也是提高对焦精度的方法之一。具体操作很简单：将焦点对在要聚焦的点上，半按下快门锁住焦点，平移构图，然后将快门按到底拍摄。典型的案例：给两个并列的人合影，当你构好图时，自动聚焦的光束或超声波却从两个人中间穿过，结果是人虚了，而后面的景物却是实的。用上边的方法，就可以把焦点先对在某个人上，锁焦，然后平移构图，完成拍摄。

《相映成趣》摄影 李继强

操作密码：我有个习惯，到水边一定要看看有没有倒影。倒影的对称美吸引着我，有点模糊、有点抽象，真是个浪漫的东西，我喜欢。

5D Mark II、A档F5.6、EF24-70mm镜头、曝光补偿-2。

问：购买二手镜头的看法？

答：听很多人说专业摄影师从不使用二手镜头，但事实似乎并非如此，我所知道的几乎每个专业摄影师，都曾经在工作中使用过二手镜头，有些至今还在使用。

遇到一个价钱很好的二手镜头，如果你的财力有限，诱惑还是很大的。解除购买和使用二手镜头疑虑的方法，有四点要查：

一要检查镜片。镜片干净，没有瑕疵，如划痕、霉斑。如果不严重，你还想购买的话，这可是大幅度侃价的理由。

二要检查的是调焦机构。调焦不顺畅是很糟糕的，因为清洗和润滑很昂贵。如有可能，寻求有经验修理师的意见。

三要检查光圈的运作。光圈环是否顺畅，叶片开关是否迅速等。

四要检查镜头是否摔撞或修理过。滤镜接圈有没有凹痕，检查所有可见的螺丝头和卡环，看上面是否有动过的痕迹，如果有很可能是以前拆开过等。

《恋之舞之》摄影 李继强

操作密码：天鹅在水的那一边，没有长焦镜头就不可能把画面拍满。

5D Mark II、A档F8、EF100-400mm镜头、设置到连拍，然后就是傻等。

问：关于镜头配置的建议？

答：大多数摄影人，不管拥有多少镜头，最经常使用的只有一两支。我经常使用的是24-70mm 和 100-400mm，这些镜头足以完成我的需求。

不同的镜头配置选择，意味着不同的拍摄目的。我配置镜头的目的有二：一是做教学用。在大教室的投影仪上，只要清晰，什么镜头拍的，镜头的原始味道是看不出来的。二是做摄影书籍的插图用。这个要求会高一点，可印刷在纸媒上，质量的要求也高不了多少。供你参考的几点建议：

一是，你的拍摄目的是你需要什么镜头的理由。

如果你经常拍摄体育运动，你就会需要长焦；喜欢拍摄花卉，一定要有一款微距镜头；经常在光线恶劣的条件下拍摄，快头，也就是大光圈的镜头对于你一定非常有帮助；如果你习惯在户外良好的光线下拍照，你当然不需要35mm f/1.4 这样的镜头，因为价格也不能不考虑啊。

二是，买镜头走点极端。

可以是 14mm 的广角镜头或 100-400mm 镜头。这个组合的理由是走焦距两头的极端。目的是想用特殊的视角来创造画面，给看的人营造新颖的感觉，据说这样离艺术近一点。

对于不熟悉超广角和超长焦的摄影人来说，这个组合是有点恐怖，两个极端的镜头，所用的语言是不一样的。一个人在两种语言中徘徊，不知道是制造幸福还是在制造痛苦。

对于大部分摄影者，选择处于"中间部分"的镜头：如 24-70mm、70-200mm 等焦距的镜头是正常的思考方式，对于超大光圈镜头、超广角、超长焦或微距、移轴等非常用镜头，价格是一个主要的限制的同时，技术上的操作和表现上的方法是需要考虑的。问问你自己，那些特殊镜头是否能更好的达到你的目的。

三是，镜头只是载体，传达的信息才是关键。

无论你买了什么镜头，也无论你想买什么镜头，无论你买得起，还是买不起，有一点要记住：摄影的最终目的是需要那张照片，而不是拍这张作品的器材。我认为摄影器材和你家床底下的修车扳手，抽屉里的螺丝刀，从工具角度来说没什么两样，摄影器材只不过需要花更多的钱和更精密一些罢了。钻头是什么材料的有什么关系，我们需要的不是钻头，而是钻头钻出的眼。好的器材对于一个优秀的摄影者来说是锦上添花。

《蜘蛛的午餐》摄影 李继强

操作密码：豆娘竟然牺牲在蜘蛛的脚下，没处说理了。

5D Mark II、全自动档，用EF100-400镜头，看着玩，偶然发现的。

问：定焦镜头的优势

一是，最大光圈的优势。

长焦距的镜头上达到F2.8的大光圈是非常不容易的，就是达到了，价格上也是一般爱好者难以接受的，可对于定焦镜头来说大于 f/2.8 的比比皆是。为什么定焦镜头比变焦镜头好？因为定焦镜头结构相对简单，所以光圈可以轻松地做得很大，定焦镜头的结构简单，光学性

能好，镜片少些，光线损失和散射就少啊。

二是，不用变焦的优势。

没有变焦环的长期推拉，所以，成像质量可以在长期的使用过程中保持足够的稳定性。成像质量表现在饱和度、锐度和对比度的大幅度提升上。

三是，定焦镜头光学素质的优势。

评价镜头光学素质的直观指标一般是看：①解像力：表现细节的能力；②色彩还原：再现真实的能力；③眩光控制：对杂光的处理能力。如果在同样的光圈下拍摄，变焦镜头的死穴就出现了，像场弯曲和畸变都不是定焦镜头的对手！尤其在拍摄微距的时候，像场弯曲的表现是很强烈的。

四是，定焦镜头在恶劣环境下拍摄的优势。

定焦镜头在任何一个焦段上，都可以保持稳定的焦强和景深，保持相对的快门速度，尤其是室内或在恶劣的昏暗光线条件下，当变焦镜头变得难以手持拍摄而不得不使用三脚架时，定焦镜头还能够保持手持拍摄；定焦镜头便于景深的自由运用，不会像变焦镜头那样，因焦距的变化而带来光圈的变化再带来景深的变化。

定焦镜头能够保持和使用较高的快门速度，这在拍摄现场光下的动态物体或在使用长焦镜头时具有决定性的意义。试想：如果你在拍摄舞台照片或黄昏拍鸟时，或在黑夜中偷拍一个精彩的记实场景时，不允许打闪光灯，这时你如果没有一支高质量的定焦镜头，我估计拍摄出来的一大堆照片基本上可以直接丢进你的垃圾桶里或直接被处理删除掉。

五是，价格的优势。

定焦镜头价格一般都很便宜，我等贫下中农们能购买得起。因为售价便宜，性价比低，尽管放心使用，就是万一摔坏了，也不至于心

痛得几天吃不下饭，如果你高兴时也可以用它来砸砸核桃壳等。一款 50mmF1.8 的只要人民币 600 元。

六、用定焦镜头培养镜头感。

有机会还应该试试定焦。镜头焦距不能改变的是定焦。现在用的人少了，他对于培养你的镜头感觉用处极大。我记得刚学摄影时，看见那些老摄影家，举起相机就按快门，自己学着做，可拍出的画面不是大了，就是小了，构图总是不满意，后来时间长了才发现，原来是镜头感在作怪！什么是镜头感？就是在什么样的距离上，举起相机就是你需要的画面，而不用前后再移动，这种镜头对画面的感觉就是镜头感。现在有变焦的镜头了，画面差一点，就变一下焦，虽然方便了，可镜头的感觉却越来越差，人也越来越懒了。了解你的定焦镜头吧，移动你的脚步，在移动中培养你的感觉，这对你的观察力，对你的思维和创造力是有帮助的。

《时间的脚步》摄影 李继强

操作密码：年年、月月、天天，都从这排树边走过，当时是一排小树苗，几十年过去了，头发白了，树也高大了，绿了又黄，长出来，又掉下去，匆匆的脚步也慢了，你都怨时间吗？

5D Mark II、全自动档，用EF24-70mm镜头。

问：变焦镜头的优势？

答："变焦的优势就是能变焦，其他各方面都不如定焦头，想图省事就必然在画质上有所妥协，鱼与熊掌不可兼得，追求画质就选定焦，追求方便就变焦"。上面的结论有点偏激，我们看一下变焦镜头到底是怎么一回事。

一是，变焦镜头是对定焦镜头的发展

对变焦镜头的一般原理，在几十年前就研究过了，只是因为变焦镜头在设计和制造上存在着当时还不能解决的科学和技术上的问题。近些年来，由于电子计算机在光学设计上的应用，光学多层介质膜用于增透光的技术的成功及精密机械加工的进步等，才使变焦镜头的生产得以实现。目前已有多种性能良好的变焦镜头被广泛应用。镜头由各种定焦摄影镜头发展到变焦距镜头，是近四十多年来光学上的一个重要成就，也是在模拟人眼方面的一个进步，它显示着现代光学的发展趋势。早些时候常采用折衷的办法，即一个机身，不断更换不同焦距的镜头来解决不同放大率的拍摄，但在换镜头的过程中很可能漏拍精彩的画面，何况定焦距镜头也只有有数的几种，远远满足不了摄影实践的需要，而且换起来很麻烦。变焦距摄影镜头正是在摄影实践的需要中产生和发展的。

也许因早期的变焦头的技术没有到达人们的高期望值获得了一个坏名声。所以今天人们依然对于变焦头存有抵抗情绪，但值得提醒的是，今天随着技术的发展，变焦头光学性能的改进，一些变焦镜头能够与相应的最佳定焦镜头匹敌。我们要意识到现今电脑设计的变焦镜头光学素质已经越来越高了，用于专业变焦镜头上的高级光学镜片可以产生极致的影像质量。所以，别再跟变焦镜头过不去了。

《角色的感受》 摄影 李继强

操作密码：春天你绿绿的，扮演希望的角色，秋天你黄黄的，扮演成熟的角色，当你灰头土脸的在地面叹息时，我记得你，把你的形象留在心灵的底片上，没有悲哀，只有悲壮。

5D Mark II、用EF24-70mm镜头、曝光补偿-1。

问：什么是变焦镜头？

现代的变焦摄影镜头的焦距可以在它本身限定的最短和最大焦距之间任意调整，换句话说就是可以连续改变焦距，因此，一个变焦镜头可当多个定焦距镜头用。通过镜筒上变焦环的推拉或左右旋转可改变焦距，其效果从取景器可以观察到，画面的景物由远拉近，由局部变为全景，之所以能观察到上述情形，是因为在变焦过程中引起视角变化所致。不同焦距范围的变焦镜头，对于改变景物的大小、虚实及透视关系将产生不同的影响。当变为长焦望远镜头时，适于拍摄体育项目或野生动物；变为中等焦距时相当于标准镜头；变为短焦距时则相当于广角镜头，可以增大视场角，能概括较宽的影像；有的变焦镜头还有微距摄影装置，不用加任何附件，就可供特写用。

问：说说变焦镜头的优点？

（1）变焦镜头给你提供了广阔的构图自由；

（2）使拍摄者在无法轻易移动拍摄位置时，帮助你精确组织画面；

（3）为你免除了更换镜头错过的拍摄机会；

（4）能帮你捕捉到那稍纵即逝的一刹那；

（5）能快速改变画面的透视关系；

（6）有利于观察，并能把观察到的物像快速变成画面；

（7）使用频率高于定焦镜头。以佳能为例，有过一个调查：24（28）-70mmF2.8L使用频率非常高，达到66％，而17（16）-35mmF2.8L这支广角变焦头使用频率也达到18％，70-200F2.8L IS的使用频率是8％，定焦头的使用频率少得可怜，最高的一款只有3％。

（8）在光线快速变化时让你能快速改变视角。

问：10条操作变焦镜头的理由是什么？

（1）什么焦距段在一个优秀的专业人士手中都不重要，重要的是两点：优秀的光学表现力和优秀的主体突出能力；

（2）变焦镜头有个最好的特点，在拍摄一批照片的时候视角不会显得单调；

（3）可以和模特始终保持在适当的距离，远了不利于沟通，太近了容易造成双方的不适应；

（4）可以拍出视角变化比较多的照片。

（5）假如你坚持使用"快速"，恒定光圈的变焦镜头，就去找一支 F/2.8。这一款式的价格、尺寸还有重量都很高，毕竟鱼和熊掌不可兼得，要方便，又要高品质那就得付出相应的代价。

（6）有人会说："变焦镜头与之对应的固定焦距镜头更重更大"。说得没错，但是你不想想，一支 28-200mm 镜头可以替代多少支定焦镜头？

（7）有人会说 "有些变焦显得比较 "慢"，它们的最大光圈通常只有 F/4.5 或是 F/5.6。对比来说，定焦镜头通常较 "快"，比如说，F/2 光圈，能够成就更高的快门速度，这在手持相机时非常有用。说得也没错，但是现今表现卓越的 ISO 感光度和电子闪光灯可以把为凝固运动主体所需的快门速度提快很多。我们不能把花费不多的变焦镜头，特别是那些从广角到长焦距范围的大变焦镜头来与定焦头相比，那无异于是把小指跟中指比。

（8）从市场来的反馈是：变焦镜头的销售量远远超过定焦镜头，并且它们的受欢迎的程度越来越高。在这些购买变焦头的客户当中，很多都是专业人士。

（9）许多摄影家都喜欢用变焦镜头，这是因为它使用方便，能够增强创作能力。对它的光学性能方面，人们已不再过多挑剔。

（10）注意变焦镜头的大口径化、小型化和廉价化发展方向。

《普希金式抒情》摄影 李继强

操作密码：一大块泥巴，艺术家把多余的去掉，普希金就以雕塑的形式出现在我的面前。"假如生活欺骗了你……"的诗句，一辈子了，还在耳边回响。在满洲里的俄罗斯雕塑广场，像见到久别亲人那样，百感交集，千言万语一句也没说出来，虔诚的端起相机，轻轻地把快门按下，别惊动他，让他在诗的境界里，充满希望的望着远方吧。

5D Mark II、用EF24-70mm镜头、跪下，抬起崇拜的镜头。

第十二章

Chapter twelve
RAW软件解读与操作

本章从什么是RAW？RAW格式的优缺点？
RAW的使用技巧与后期处理技巧，
还有如何安装运行、清晰照片的拍摄等方面，
详细回答了初学者存在的问题，给出了解决办法。

问：什么是RAW?

答：几乎每一款数码单反相机，或者部分高端数码相机，都可以拍摄 RAW 格式的图片，究竟这个 RAW 是什么意思呢？

RAW的原意就是"未经加工"。可以理解为：RAW 图像就是 CMOS 图像感应器将捕捉到的光源信号转化为数字信号的原始数据。

RAW 文件是一种记录了数码相机传感器的原始信息，同时记录了由相机拍摄所产生的一些原数据（Metadata，如 ISO 的设置、快门速度、光圈值、白平衡等）的文件。RAW 是未经处理、也未经压缩的格式，可以把 RAW 概念化为"原始图像编码数据"或更形象地称为"数字底片"。

问：RAW格式的优势有哪些?

答：RAW 格式的优点就是拥有 JPEG 图像无法相比的大量拍摄信息。正因为信息量庞大，所以 RAW 图像在用电脑进行成像处理时可适当进行曝光补偿，还可调整白平衡，并能在成像处理时任意更改照片风格、锐度、对比度等参数，所以那些在拍摄时难以判断的设置，均可在拍摄后通过电脑屏幕进行细微调整。

而且这些后期处理，全都是无损失并且过程可逆，也就是说我们今天处理完一个 RAW 文件，只要还保存成 RAW 格式，那么以后我们还能把照片还原成原始的状态。这一特性是 JPG 处理时所不能比拟的，因为 JPG 文件每保存一次，质量就会下降一些。

问：RAW格式的缺点

答：RAW 格式图像与普通图像数据 JPG 文件不同（更直接地说，RAW 格式文件不算是图像），如果不使用专用的软件进行成像处理的话，就无法作为普通图像浏览。而且 RAW 文件因为通常采用不压缩或者低压缩的保存，所以文件大小往往比相同分辨率的 JPG 文件大 2-3 倍，对于存储卡容量有较大要求。间接来说，拍摄照片后的存储时间、后期电脑处理的硬件要求和处理时间都比 JPG 文件来得高。而且，各家厂商的 RAW 格式编码几乎都不同，所以 RAW 文件在不同品牌相机中是不通用的。

问：说说使用RAW的技巧?

答：RAW 调节白平衡

一个准确的白平衡设置，可以使画面色彩更加讨好人眼。不过习惯于使用自动白平衡的用户，可能会经常遇到自动白平衡不准确的问题。虽然使用手动白平衡可以很好地解决这一问题，不过每到一个新场景或者新的光照环境，就要重新再定义一次白平衡，是相当的繁琐呢。而 JPEG 文件在后期调节白平衡的偏差，通常比较困难，并且也不一定能准确调节。

要调节 RAW 文件的白平衡，通常会使用各个厂家专门的处理软件，或者使用诸如 Adobe PhotoShop（外加 Adobe Camera RAW 插件）、Adobe Lightroom 等通用软件。以下以佳能 Digital Photo Professional 3.6 和尼康 Capture NX 2.2.2 为例加以说明。

佳能 Digital Photo Professional（简称 DPP）是佳能推出的专门处理佳能相机所拍摄出来的 RAW 文件的软件。要调节佳能 RAW 文件的白平衡，只需要打开该文件，然后在右边的"白平衡调节"中的下拉菜单选择相应的设置即可，画面会有实时改变。选择"色温"模式，还可以以 100K 为步进，设置具体的色温数值。

尼康 Capture NX（简称 NX）是尼康推出的专门处理尼康相机所拍摄出来的 RAW 文件的软件。使用 NX 调节 RAW 文件，与 DPP 调节方法类似，都是在相应的下拉菜单中选择正确的白平衡模式。稍有不同的是，NX 不能单独选择具体色温数值，而是在不同白平衡模式中选择不同的色温数值。实现方式与 DPP 不同，不过效果是一样的。

如果各种预设的白平衡模式还是不能准确还原出现场色调，则可以使用"自定义白平衡"（手动白平衡）来设置。

手动白平衡，一般以画面中的中性灰位置为基准，正确还原现场中性化色调，即可还原出现场的光线色调。佳能与尼康的软件中，设置如下。

佳能 DPP 中，选择"单机白平衡"，然后点选上面的"吸管"，最后就点一下画面中的灰卡（中性灰）位置，手动白平衡设置完成。

尼康 NX 中，首先选择"设定灰点"，然后点击"开始"，最后就是点中画面中的灰卡位置，手动白平衡设置完成。

《写意露天矿》摄影 李继强

操作密码：参观露天煤矿，被宏大的劳动场面震撼，现场灰尘高扬，好一个写意的画卷。
5D Mark II、用 EF 24-70mm 镜头、曝光补偿 -1。

答：RAW 文件调节曝光补偿

与白平衡类似，数码相机的自动曝光也未必一定准确，不少时候都会出现过曝（画面过亮）或者欠曝（画面太暗）的情况。如果是使用 JPG 文件拍摄，后期调节画面的亮度，会产生一定的画质影响，例如噪点增多、画面细节缺失等等。如果使用 RAW 文件拍摄，后期调节画面亮度（后期曝光补偿），不但效果较好，而且过程可逆，不会对原始文件造成任何损害。

答：RAW 文件还可以调节色彩风格

数码照片的色彩可以后期调节，这是众所周知的，不过也并不是很多人懂得去调节，或者并不是很多人愿意去调节。如果有一个方法可以简单快捷地调节画面色彩，而且可以任意调节并且可以还原，相信不少用户都会使用。在数码相机中，一般都可以设置诸如"照片风格"、"色彩风格"、"优化校准"等等关于色彩倾向的选项，这些选项可以让画面表现出不同的色彩倾向。

如果是拍摄 JPG 文件，一旦设置好这些选项后，拍摄出来的 JPG 便不能再调整这类选项。相信有不少用户遇到过使用了"风景"模式来拍摄"人像"吧？这样的情况，如果是使用 RAW 格式拍摄，便可在后期任意调节了。

答：RAW 文件可以轻松调节画面对比度、饱和度、锐度

在转用不同的色彩风格模式的基础上，我们还可以单独调节 RAW 文件的对比度、饱和度、锐度等等设置。虽然这些设置在拍摄前于相机上设置，不过如果把这些设置步骤留到后期处理再进行，则可以把前期拍摄的时间更多地留给画面的取景构图等步骤。

答：RAW 文件校正色差问题

色差又称为色散现象，是由于相机镜头没有将不同波长的光线聚集到同一个焦平面（不同波长的光线的焦距是不同的），或者由于镜头对不同波长光线的放大程度不同而形成的。色差可分为"纵向色差"和"横向色差"。

RAW 格式文件可以利用软件来校正色差问题，原理就是厂商先检测出镜头本身的色差，然后做成一个配置文件，软件根据这个配置文件来对这只镜头所拍摄出来的 RAW 文件进行校正。

一般来说，原厂镜头都可以自动在拍摄时校正色差，但如果是使用非原厂镜头，或者厂商没有对该镜头进行过色差检测，则可以自己手动进行校正。不过效果当然就没有原厂检测出来的校正好。

答：RAW 文件校正暗角（周边光量校正）

对着亮度均匀景物，画面四角有变暗的现象，叫做"失光"，俗称"暗角"。暗角对于任何镜头都不可避免。产生暗角的原因主要有：

（1）边角的成像光线与镜头光轴有较大的夹角，是造成边角失光的主要原因。沿着视场边缘的光线的前进方向看光圈，由于光线与光圈所在的平面有夹角，看到的光圈是椭圆的，所以通光面积减小。镜头光心到胶片的边缘距离较大，同样的光圈直径到达底片的光线夹角较小，亮度必然减小。同理，同样的光线偏角，对于边角光线位移较大，等同于照在较大的面积上。而面积是与位移的平方成正比的，所以综合上述原因，边缘亮度与光线和光轴夹角的 COS 值的 4 次方成正比。换句话说，广角镜头边缘亮度随着视角变大急剧下降。

（2）长焦镜头尤其是变焦长焦镜头镜片很多，偏离光圈比较远的镜片为了能让边角光线通过，这些镜片必须很大。为了降低成本，缩小了这些镜片直径，造成边角成像光线不能完全通过，降低了边角的亮度。

（3）边角的像差较大。为了提高像质，某些镜片的边缘或专门设置的光阑有意挡住部分影响成像质量的边缘光线，造成边角失光（鱼眼镜头虽然视角极大，但是由于边缘放大倍率很小，所以几乎没有边角失光）。高档变焦镜头已经花了大的成本，可以加大某些镜片、完美地校正像差，高档长焦镜头包括变焦镜头边缘失光很小。

（4）广角镜头如果使用了过多的滤色镜，等同于增长了镜筒，可能造成边角暗角甚至黑角。与校正色差一样，厂商都会对镜头进行暗角检测，然后让软件根据检测结果，对画面进行暗角校正。我们不但能把暗角消除，还能人为地生成暗角。大家有没有留意到，佳能 DPP 和尼康 NX 的暗角校正滑块，除了可以向正数调节，还可以向负数调节，两个方面分别对应"消除暗角"和"增加暗角"两个效果。这样就算画面四周亮度较高，我们也能校正到了。

答：用 RAW 文件减少干扰（降噪）

RAW 文件的减少干扰（降噪）功能，基本上等于相机机身的降噪功能。如果使用 JPG 格式拍摄，机身设定的降噪强度将在拍摄后不可调节。如果使用 RAW 格式拍摄，就可以在后期利用软件来调节画面的降噪强度。善用 RAW 的后期降噪调节功能，可以使高 ISO 拍摄时获得更合理的效果。

小结

除了数码单反外，越来越多数码相机可以拍摄 RAW 格式的文件。RAW 不只是专业摄影师才会用的东西，只要运用恰当，简单几个步骤即可大幅提升照片的品质，偏色、曝光不准确等常见问题几乎都可以利用 RAW 格式来解决，初学者尝试RAW势在必行。

问：什么是DPP？

答：是"Digital Photo Professional"的英文首字母缩写，是对佳能 EOS 数码单反相机系列拍出的 RAW 图像进行处理的软件，该软件是购买相机时随机赠送的。

问：你选择什么样的图像保存格式？

EOS 系列数码单反相机拍摄的数据主要保存为 JPEG 和 RAW 这 2 种格式。一般用户多拍摄 JPEG 图像，而且多数用户仅使用这种格式。因为 JPEG 是通用性较高的一种数据存储形式，由于是经压缩处理后的图像，因此其数据量较小，在进行数据的传输以及网络使用时均十分便利，而且较符合现在摄影人的拍摄习惯，一次两三天的采风活动，拍摄千张照片的事很多，用 RAW 格式处理起来费时太多，没有什么特殊的拍摄目的，JPEG 是首选。还有大多数摄影人对 RAW 的处理有一种莫名的畏惧感，总觉得很难，可能也与怕费事和懒惰有关。这里我要多说几句，数码摄影其实就是在进行计算机活动，高度的自动化把人变得懒惰，我觉得相应的学习是必要的，包括 RAW 的后期处理。

问：RAW图像与JPEG图像有啥不一样？

答：用数码相机进行拍摄时，图像感应器会将捕捉到的光信号转变为电子信号，然后在数码相机内部会进行模数转换等计算，这样就生成了未经各种处理的 RAW 图像数据。而 JPEG 图像是根据用户拍摄时的设置，通过数码相机内部的影像处理器对未经处理的 RAW 图像数据进行各种处理和数据压缩等生成的图像。

问：怎样查看RAW图像？

答：RAW 图像是未经数码相机影像处理器进行最终处理而保存下来的图像数据形式。几乎未经压缩，也完全没进行各种处理，与记录拍摄时"用户的相机设置信息"数据被一同保存下来。要查看RAW图像需要RAW处理软件DPP。

问：什么是RAW的后期处理？

答：就是对尚未经过图像处理的 RAW 图像进行最终处理的过程。与经过在计算机里已经处理过的 JPEG 图像，在 Photoshop 里再次处理的 JPEG 图像相比，其画质劣化较少。即使对色彩和亮度进行大胆调节也无需担心画质降低。就像回到拍摄时，对相机进行重新设置一样，这种较高的可调节性是 RAW 的一大特征。对 RAW 图像的操作其实比很多人想象的简单得多，是一种相当方便的图像形式。我们开始 RAW 的后期处理的学习旅程，耐点心，你一定能学会的，让你"尝到点甜头"。

问：摄影时你都操作了什么？

答：一般摄影人拍摄时，能完成的操作可能是这些：

- ●选择焦点，这个很重要。
- ●光圈值和快门速度是最经常调整的参数。
- ●ISO 感光度的调整是数码的长项。
- ●焦距是构图的基础。
- ●手抖动补偿是操作镜头的基本。
- ●闪光灯控制也有很多技巧。

问：摄影时你不经常操作的？

答：一般摄影人拍摄时，不经常操作的有：

- ●亮度调节：和曝光有关系，经常做的是调光圈和速度，其实可以多用曝光补偿。
- ●白平衡：是色彩管理系统，决定图像颜色，自动固然可以，创作可尝试手动调节，这有点像胶片时候的色彩滤镜。
- ●图片样式：也就是照片风格，像早期我们选择不同牌号的胶卷，色彩偏向是个人喜好，把握不准时可以挨个试试，找找感觉。

●清晰度：也就是锐度，在相机的菜单里选择锐度加上1个或2个，效果立马就不一样。

●对比度：是画面黑与白的比值，也就是从黑到白的渐变层次。比值越小，从黑到白的渐变层次就越多，从而色彩表现越丰富。各种天象下的对比度是不一样的，要练习使用，避免画面发灰或反差过大，很多图片的味道都是通过调整对比度得来的。

●颜色饱和度：饱和度是指构成颜色的纯度，它表示颜色中所含彩色成分的比例。色彩饱和度与被摄物体的表面结构和光线照射情况有着直接的关系。同一颜色的物体，表面光滑的物体比表面粗糙的物体饱和度大；强光下比阴暗的光线下饱和度高。在照片中，高饱和度的色彩能使人产生强烈、艳丽、亲切的感觉；饱和度低的色彩则易使人感到淡雅中包含着丰富。培养眼睛对颜色的感觉是走向创作的基础。

●色调：指的画面中色彩的总体倾向，是大的色彩效果。在大自然中，我们经常见到各种各样的色调现象，如，不同颜色的物体或被笼罩在一片金色的阳光之中，或被笼罩在一片轻纱薄雾似的、淡蓝色的月色之中；或被秋天迷人的金黄色所笼罩；或被统一在冬季银白色的世界之中。这种在不同颜色的物体上，笼罩着某一种色彩，使不同颜色的物体都带有同一色彩倾向，这样的色彩现象就是色调。

●自动亮度优化：可以使暗部和高光部分的细节都非常出色，让色彩更真实。自动亮度优化功能的特点为：成像处理时，可根据拍摄结果自动进行适当的亮度和反差调整。它能对被摄体的亮度进行分析，将图像中显得较暗的部位调整为自然的亮度。选用全自动或创意自动模式等拍摄时将会自动启动此功能，设置为"标准"。选用其他拍摄模式时，则可从"标准、弱、强、关闭"4个级别中任意选用。你进行过选择吗，在相同的地点条件下，把四种选择

都试过吗？

●减噪：在三种情况下容易出现噪点：高感光度，长时间曝光，或相机温度升高。当拍摄环境恶劣时可调整相机的减噪功能来处理，把粗糙的噪点和伪色彩降到最低。

●镜头像差补偿：补偿镜头的像差是设计师的事，再好的镜头像差也是有的，可在DPP里调整。什么是像差？几句话说不清楚的，概括说来就是，我们使用的镜头由于受光学设计、加工工艺及装调技术等诸多因素的影响，要对一定大小的物体成理想像是不可能的，它实际所成的像与理想像总是有差异，这种成像的差异就称为镜头的像差。为什么镜头光圈缩小，画质会提高，以及为什么画面的中心比四周画质更好，都是像差在起作用。

●色彩空间：又被称为色域，它代表了一个色彩影像所能表现的色彩具体情况。我们经常用到的色彩空间主要有RGB、CMYK、Lab等，而RGB色彩空间又有AdobeRGB、AppleRGB、sRGB等几种，这些RGB色彩空间大多与显示设备、输入设备（数码相机、扫描仪）相关联。Adobe RGB与sRGB则是我们最为常见的，也是目前数码相机中重要的设置。

Adobe RGB是由Adobe公司推出的色域标准，sRGB是由惠普与微软公司于1977年共同开发的，其中"S"可解释为"标准"（Standard）。Adobe RGB较之sRGB有更宽广的色彩空间，它包含了sRGB所没有的CMYK色域，层次较丰富，但色彩饱和较低。如果希望在最终的摄影作品中精细调整色彩饱和度，可选择Adobe RGB模式。

因为sRGB拥有较小的色域空间，所以不建议专业的印前用户使用，它主要应用在网页浏览等。而Adobe RGB具备非常大的色域空间，对以后在输出及分色有极大的优势和便利性，应用更为广泛。

小结一下

以上说的这些一般摄影人拍摄时不经常操作的，在进行 RAW 处理时都可重新设置调整改变！总之一句话，高画质来源于 RAW。

问：能介绍一下随机带来的软件吗？

答：可以。我把随机附带的光盘 "EOS DIGITAL Solution Disk" 做一简单介绍。EOS 系列数码单反相机均附带有 "EOS DIGITAL Solution Disk" 光盘，它收录了包括 DPP 在内的多种软件。除了 DPP 之外，还包括有助于掌握相机操作的很多软件，例如可连接计算机和相机的 "EOS Utility"、通过简单操作即可处理短片文件的图像浏览器 "ZoomBrowser EX"、全景照片制作软件 "PhotoStitch" 以及可按照喜好制作彩色文件的 "Picture Style Editor" 等。除了 DPP 以外，其他的软件也建议在电脑上安装使用。

另外，佳能官方网站还提供了 DPP 等 "EOS DIGITAL Solution Disk" 中所收录软件的最新版本下载。但需要注意的是，如果计算机中未安装旧版软件就无法进行升级更新，因此需要先利用最初购买相机时附带的 CD-ROM 光盘安装相应软件。

问：说说DPP的操作环境？

答：DPP 可在 Windows 和 Macintosh 这两种操作系统下运行。安装 DPP 时需要计算机硬盘留有约 250MB 的空间，若安装 "EOS DIGITAL Solution Disk" 中所有的软件则需要留有约 700MB 的空间。需要注意的是，要保证流畅使用，最好留出更多的空间。此外，操作环境要保证主内存高于 1GB，如果留有 1GB 以上的空间将使运行更加流畅。

使用 DPP 前，首先需要安装该软件。可利用 EOS 数码系列相机附带的光盘进行安装。而且，佳能官方网站还提供了 DPP 的最新升级版

本，可通过下载升级软件来更新最新的 RAW 图像处理操作环境。

问：RAW图像的保存问题？

答：重要照片要以 JPEG 和 RAW 两种格式进行保存。

在你的摄影生涯中，希望能长期较好保存下来的照片很多。RAW 正好适合保存这类重要照片。

JPEG 图像是经过数码相机内部最终处理后生成的图像，而 RAW 是未经色彩改变或压缩等最终处理的图像数据。通过专用软件对这种图像数据进行数码图像处理，并将其转换成 JPEG 和 TIFF 图像的过程叫做 "处理"。因此，利用 RAW 保存，任何时候都可以对图像进行重新处理，这可以说是 RAW 图像的一大特长。

数码相机的更新换代速度很快，RAW 图像专用软件的功能也在随之更新。将来还有可能通过最新的技术来对以前重要数据进行 RAW 处理。从通用性来说，JPEG 保存具有优势，但对于重要的照片还是建议使用 RAW 进行保存。

实际上，未搭载照片风格设置的 EOS 系列数码单反相机拍出的 RAW 图像，也可通过佳能的原厂 RAW 处理软件 DPP 来适用全新的照片风格。

问：DPP "简易安装" 的操作问题

答：DPP 的安装十分简单。在合适的计算机操作环境下，将 CD-ROM 光盘放入光驱，程序自动启动后选择主菜单中的 "简易安装"，按照提示操作即可。最后需要重新启动计算机，请先关闭其他运行中的程序。

（1）将 CD-ROM 光盘放入计算机光驱后就会自动弹出安装菜单。在菜单首页点击 "简易安装"。

（2）开始安装 DPP 前要关闭其他运行中的程序，然后点击 "确定" 进入下一步。

（3）画面中会显示待安装软件一览表以及安装文件夹，确认后点击"安装"进入下一步。

（4）滚动浏览"许可证协议"进行确认，接受该协议后点击"是"进入下一步。

（5）附带软件会按顺序进行安装。安装结束后，左侧菜单中的软件名称前会出现选择记号，同时安装结果栏中的软件名称前会出现"OK"字样。之后，在不取出 CD-ROM 光盘的情况下点击"下一步"。

（6）安装完成。需要立即重新启动计算机时，保留选择记号并点击"重新启动"。希望稍后重新启动时，取消选择记号，然后点击"重新启动"。

小提示

CD-ROM 光盘的安装菜单未自动弹出时如何处理？

将"EOS DIGITAL Solution Disk"放入光驱后安装菜单未自动弹出时，选择"开始"→"我的电脑"，然后双击代表标有"CanonEOSXXXX"等字样的光驱图标，这样就可启动安装菜单。

问：说说下载更新的操作

答：最新版本 DPP 的更新时间往往在新机型发售后，因此最好在有 EOS 系列数码单反新机型发售后查看一下佳能官方网站。

更新为最新版本的 DPP，首先需从佳能官方网站下载"更新"文件。请按照以下步骤下载文件。

（1）打开佳能官方网站。

利用 Internet Explorer 等网页浏览器打开佳能官方网站，然后点击上方菜单中的"客户服务"。

（2）打开"下载与支持"。

在"客服服务"界面点击"下载与支持"。

（3）点击"数码相机"图标。

在"下载与支持"界面点击"如果您使用的是下图中的产品"中的"数码相机"图标。

（4）选择"照相机"。

从"选择产品种类"的下拉式菜单里面，选择"照相机"选项。

（5）选择"EOS 数码单反相机"。

从"选择产品系列"的下拉式菜单中选择"EOS 数码单反相机"。

（6）选择使用的相机名称。

从"选择产品型号"的下拉式菜单中选择使用相机的名称。这里以"EOS 7D"为例。

（7）选择"驱动程序和软件"。

从"选择文件类型"的下拉式菜单中选择"驱动程序和软件"。

（8）选择最新版的 DPP。

从搜索结果中选择出适合自己计算机操作系统的最新版 DPP。

（9）同意下载。

确认兼容的操作系统和相关内容后下拉滚动条至界面下方。勾选"下载"项下的"我已阅读并领会上述信息，希望下载指定的软件"，然后选择"点击这里"。

（10）将文件下载至计算机。

在所弹出的"文件下载－安全警告"对话框里面，点击"保存"键。在"另存为"的界面里面，指定出下载的路径，然后点击"保存"。

问：软件更新的操作

答：下载完更新软件后，立即升级计算机内的 DPP。随着软件的升级，可实现对最新机型的兼容性、操作稳定性的提升及新功能的增加等。

（1）双击从佳能官方网站下载的文件。

（2）点击"开始安装"对话框中的"确定"，启动程序。

（3）在"许可证协议"界面通过下拉滚动条确认许可证协议的内容，同意该协议时点击"是"进入下一步。

（4）开始安装，之后会显示安装结果，点击"下一步"。

（5）点击"完成"，结束安装程序。

问："自定义安装"的操作

答：当计算机硬盘剩余空间较小，仅希望安装"EOS DIGITAL Solution Disk"中如DPP等特定软件时，或希望保留已安装的旧版本软件时，可使用"自定义安装"。

（1）将CD-ROM光盘放入计算机光驱，安装菜单会自动启动。在首页菜单中点击"自定义安装"。

（2）开始安装前要关闭其他运行中的程序，在对话框里点击"确定"进入下一步。

（3）画面中会显示要安装的软件一览表，若不需要安装某个软件，可取消该软件前方的勾选。

（4）点击"安装文件夹"项下方的"浏览"。选择安装软件的文件夹，点击"确定"返回菜单。

（5）确认好了要安装的软件以及安装文件夹的位置以后，点击"安装"。

（6）确认许可证协议。

确认"许可证协议"的内容，同意该协议点击"是"进入下一步。

（7）待安装软件会按顺序进行安装。安装结束后，菜单左侧的各软件会被注上选择标记，菜单左侧安装结果下方的软件名称前方会出现"OK"标记。在不取出CD-ROM光盘的情况下点击"下一步"。

（8）点击"完成"，结束安装。

问：具体说说RAW的图像选择、处理与保存问题？

答：我从RAW处理的操作步骤谈起。

完成DPP的安装后，即可进行RAW处理。基本步骤为，利用工具调色板调节已选图像，最后只需进行格式转换并保存。图像的选择方式有多种，可根据图像的数量和调节方法选择合适的操作。

（1）给希望进行RAW处理的图像标上复选标记。

只有几张图像时没有太大的问题，但是有数十张、数百张时就有必要对图像进行筛选以便提高工作效率。因此可使用能从工具条等调取的"复选标记"功能。

首先，点击想选择图像的缩略图，选好图像后点击复选标记。任何窗口模式下均可使用"复选标记"。"复选标记"中有"1"，"2"，"3"这3种，可根据图像的重要程度及被摄体的种类等进行分类标记。点击工具条中的"复选标记1"后，希望进行RAW处理的图像就带有了"复选标记1"。在缩略图的左上端有复选标记的标号。

（2）标好复选标记后，选择"编辑"→"只选择带有复选标记1的图像"。仅有标着"复选标记1"的图像被选出。

（3）标有"复选标记1"的图像被选出后，点击工具条上的"编辑图像窗口"。切换至"编辑图像窗口"。在缩略图显示区域仅排列有标注"复选标记1"的图像。

（4）选择图像进行调节。

在缩略图显示区域选择图像，然后预览该图像，再通过"工具调色板"进行必要的调节。如利用"RAW"工具调色板调节亮度和白平衡。向右移动"亮度调节"的滑块，给个参数如"0.65"。利用"白平衡调节"项下方的"单击白平衡",点击图像中的白色部分即可补偿偏色。

（5）转换、保存图像。

在缩略图显示区域中选取已经调节好的图像，然后按照"文件"→"转换并保存"的顺序进行操作。一般情况下，这种操作多称为RAW处理，但在DPP中则使用"转换"一词。

"转换并保存"界面弹出后，指定保存文件夹位置并选择保存为JPEG图像或TIFF图像，然后点击"保存"。这样，RAW图像的转换随即开始，能够按指定的文件形式进行保存。同时，根据需要还可对"输出分辨率"和"调整尺寸"等进行设置。

清晰照片的7要素

采风归来发现很多作品不够清晰，真郁闷，给你解决方法。

第一个要素：三脚架。

只要提到清晰的照片，首先就要想到三脚架。一支可靠的三脚架给相机提供了一个稳固的平台，可以极大地提高照片的锐度。

第二个要素：快门控制。

仅仅把相机放在三脚架上并不意味着相机已经足够稳固。按下快门的动作也会产生震动从而影响照片锐度。解决方法非常简单，即使用遥控器，在控制快门时无需接触机身。

第三个要素：反光镜预升。

即使已经使用了三脚架，三脚架也加上了负重，还使用了遥控器，画质仍然会受到相机反光镜升起产生的震动影响。当快门速度在1/30s到1s之间时，这个因素会成为影响照片锐度的重要原因。使用相机提供的反光镜预升功能可以解决这个问题。启用该功能后，第一次按下快门反光镜会升起，第二次按下快门才真正释放快门，此时已经消除了反光镜震动。

第四个要素：光圈。

一般中间的光圈值（比如f/8）拥有最佳的锐度。更大的光圈会因像差而使画面变软，更小的光圈则由于衍射造成画面偏软。

第五个要素：快门速度。

虽然三脚架消除了相机的移动，不过被摄体却可能存在移动。所以，快门速度应该足够快到能够凝固住被摄体。又要求使用较大的光圈来满足曝光需要。

第六个要素：ISO感光度。

提高ISO感光度可以进一步提高快门速度，有助于拍摄足够清晰的照片。

第七个要素：自拍。

单反相机都提供2秒自拍，这是给没有遥控器的摄影人准备的。

《石头的性格》摄影 李继强

操作密码：我感受到坚固，结实，不可动摇性格，一路笑对风言风语，倔强，傲慢地映照太阳的光辉。

5D Mark II、用EF24-70mm镜头、曝光补偿-0.3。

后记

　　给EOS单反写本操作的书，花去了我将近一年的时间。做人要老实，做学问要认真，写作的过程也是学习的过程，300多个概念与难点，就这样一个个定义、解读及与实战结合的举例说明，感觉收获很大，也希望对你有所帮助。

　　感谢摄影圈里朋友的帮助，他们给我提出了很多好的建议和作品的支持，他们是肖冬菊、何晓彦、吕乐嘉、吕善庆、徐国庆、单勇。

　　当摄影家真好，一天只工作2小时，当摄影作家太累，一本书熬去我多少心血，还需要努力学习，跟上数码时代的脚步。只要对你有帮助，对中国的数码摄影事业有好处，我心甘情愿地做下去。

　　窗外飘进丁香的味道，夏天来了，摄影的金秋就要到了，在期待中，手，不由自主的又向键盘摸去……

李建强

2012年5月1日 劳动节收笔